Die Garnverarbeitung

Die Fadenverbindungen, ihre Entwickelung und Herstellung für die Erzeugung der textilen Waren

Ein Hand- und Hilfsbuch für den Unterricht an Textilschulen und technischen Lehranstalten, sowie zur Selbstausbildung in der Faserstoff-Technologie

Von

Dr.-Ing. E. h. **G. Rohn**
in Schönau bei Chemnitz

Mit 221 Textfiguren

Berlin
Verlag von Julius Springer
1917

ISBN-13: 978-3-642-93760-6   e-ISBN-13: 978-3-642-94160-3
DOI: 10.1007/978-3-642-94160-3

Alle Rechte, insbesondere das der Übersetzung
in fremde Sprachen, vorbehalten.

Copyright 1917 by Julius Springer in Berlin.

Softcover reprint of the hardcover 1st edition 1917

Druck von E. Buchbinder (H. Duske), Neuruppin.

Vorwort.

Das vorliegende Buch behandelt in Verfolg der in meinem ersten, die Garnherstellung umfassenden Buch*) angewendeten neuen technologischen Betrachtung die zweite Gruppe der Arbeiten zur Herstellung der textilen Waren, d. i. die Verarbeitung des von der Garnherstellung herrührenden Erzeugnisses zu den verschiedenartigen, runden und flachen Gebilden, die sich aus der Bindung von Fäden oder Garnlagen zusammensetzen. Die Darstellung geht dieser gleichen Grundlage wegen auch aus von dem Gefüge dieser Fadenbindungen, die alle sich als Bindungen von Faden-Schleifen und Schlingen kennzeichnen, also eine Einheit haben. Diese gleiche Eigenschaft bildet das grundlegende Einigende der verschiedenen Richtungen der Garnverarbeitung, nämlich der verschiedenen Arten der Zusammen- und Ineinanderfügung der einfachen Bindungen und dieser selbst in ihrer verschiedenen Art. Es ist für den Flechter, Weber, Wirker und Stricker usw. erforderlich, neben seiner Fadenbindungsart und deren Abwandlungen auch die anderen Arten der Fadenbindungen in ihrem Gefüge zu erkennen, um das Gleiche und Einigende zu finden und daraus Vergleiche zu führen, die sich dann auch in der Ausgestaltung der eigenen Grundbindungen, in deren Abänderung und Veränderung und in deren Wechsel, d. i. zur Musterung, zeigen. Auch in der Ausführung der Musterungen finden sich die gleichen benutzten Mittel und auch bei der Her-

---

*) Die Spinnerei in technologischer Darstellung. Von G. Rohn. Berlin 1910, Verlag von Julius Springer. Preis geb. Mk. 3,60.

stellung der Fadenverbindungen werden trotz deren verschiedener Art gleiche Einrichtungen benutzt; so müssen bei der Erfassung dieser gleichen Grundzüge die verschiedenen Garnverarbeitungsarten sich gegenseitig befruchten können.

Für diesen Gedankengang ist die Einteilung zur Behandlung des vorliegenden Stoffes vorgenommen. Zunächst ist eine Entwicklung der Grund-Fadenbindungen aus den Einheiten heraus gegeben, dann die Beschreibung der Werkzeuge und der sie benutzenden Arbeitsmaschinen mit bildlicher Darstellung, wobei nicht ganze Maschinen und Schaubilder, welche den Gestellaufbau der Maschinen zeigen, benutzt sind, sondern freihändig entworfene Bilder der arbeitenden Teile in deren Zusammenwirken, also Arbeitsbilder, bei denen oft der Deutlichkeit wegen eine Verzeichnung vorgenommen ist, so daß sich die Darstellung nicht immer mit der wirklichen Maschinenausführung deckt. Bestimmend kann für die vorliegende Aufgabe nur eine Darstellung sein, welche die wirkliche Arbeit der Maschinen, die Garnverarbeitungsmaschinen als solche zeigt. Es werden dann die bei allen diesen verschiedenartigen Maschinen immer wiederkehrenden gleichen Einrichtungen besprochen und schließlich die Musterung der Fadenverbindungen mit ihrer Ausführung mit den wiederkehrenden gleichen Mitteln. Diese allgemeine Darstellung ist als Vor-Unterricht vor dem Eingehen in die Sonderdarstellungen der Garnverarbeitungsarten, der Spulerei, Zwirnerei, Flechterei, Weberei, Wirkerei und Strickerei, Netzerei, Tüll- und Schleierstoffherstellung usw. mit ihrer gleichen Vorbereitung der Garnkörper zu deren aufbrauchender Verarbeitung zu betrachten. Das vorliegende Buch soll und kann auch nicht die Sonderwerke über diese Arbeiten entbehrlich machen oder ersetzen, es soll das Verständnis derselben fördern und demjenigen, welcher sich zunächst eine allgemeine Übersicht über das große, weit umfassende und ständig Neues schaffende Gebiet der Garnverarbeitung, zu der auch die Nähtebildung gehört, als eines wichtigeren Gliedes der gewerbfleißigen Tätigkeit verschaffen will, dienen. Es kommt bei einer solchen Behandlung natürlich viel auf die zeichnerische Darstellung an, denn die Bilder vermitteln das Verständnis der Fadenbindungen und Arbeitsvorgänge besser als Beschreibungen in Worten und Buchstaben. Ich hoffe mit meinen durchweg neu entworfenen und selbst gezeichneten Abbildungen hier ein Förderungsmittel gegeben zu haben. Da es sich dabei um Freihandzeichnungen handelt, wird die ersichtliche Linienführung erklärlich, wozu ich für die Fadenbindungsbilder bemerke, daß es sich dabei, gegen sonstige Darstellungen doch nicht um Drähte, sondern schmiegsame, rauhe Stücke handelt.

Zur Behandlung sind auch die erst in neuerer Zeit bekannt gewordenen Garnverarbeitungsabarten und Einrichtungen zu deren Ausführung gelangt. Wegen Wahrung etwaiger Schutzrechte sei hiermit auf dieselben aufmerksam gemacht. Für die Darstellung der Garnverarbeitungsmaschinen und deren Arbeit ist möglichst nur eine der verschiedenen Arbeitseinrichtungen gegeben, denn es soll hier nur zum Verständnis gebracht werden, wie die Ausführung der Grundfadenbindungen und ihrer Abänderungen überhaupt erfolgen kann.

Wie in meinem ersten Buch habe ich auch hier ein deutsches Werk geschrieben und Fremdwörter vermieden. Gerade die Garnverarbeitung zeigt in außerordentlichem Maße deutsches Können, so daß auch deutschsprachliche Bezeichnungen am Platze sind.

Schönau bei Chemnitz, im Oktober 1916.

Dr.-Ing. G. Rohn.

Inhaltsübersicht.

	Seite
Vorbemerkung	1

Erster Teil. Die einfachen Fadenverbindungen.

I.	Verbindungen mit gerader Fadenlage	2
II.	Fadenverbindungen mit gebogener Lage	8
III.	Zusammengesetzte Fadenverbindungen	23
IV.	Vereinigungen einfacher Fadenverbindungen	27

Zweiter Teil. Die Herstellung der einfachen Fadenverbindungen oder Grundbindungen.

I.	Vorbemerkungen	31
II.	Garnkörper und deren Träger (Spulen)	33
III.	Die Herstellung der Garnkörper — das Spulen, Wickeln und Winden	38
IV.	Das Doppeln, Fachen, Scheren und Bäumen	43
V.	Das Winden, Weifen oder Haspeln und das Knäuelwickeln	45
VI.	Das Umspinnen	47
VII.	Das Zwirnen	48
VIII.	Das Seilen	51
IX.	Das Flechten	52
X.	Das Weben (der Webstuhl)	55
XI.	Die Herstellung der Maschenbindungen:	
	1. Vorbetrachtung	64
	2. Das Häkeln	67
	3. Das Wirken	68
	4. Das Stricken	75
	5. Das Kettenwirken und -stricken	78
XII.	Das Weben mit Kettfadenverschlingung	84
XIII.	Die Herstellung der Fadenbindungen mit Umschlingung von Stützfäden:	
	1. Vorbemerkung	86
	2. Das Tüllweben	87
	3. Die Herstellung von Netzstoffen mit Schlingverbindung von Stütz- und Zwischenfäden	90

Inhaltsübersicht. VII

	Seite
XIV. Das Knoten	92
XV. Gemeinsame Einrichtungen der Garnverarbeitungsmaschinen:	
1. Fadenspanner	97
2. Ablaßregler für Fadenreihen	99
3. Warenaufwickelungsregler	101
4. Abstellvorrichtung bei Fadenbruch	102

Dritter Teil. **Die Änderung und der Wechsel der Fäden und Bindungen für die Musterung der Stoffe.**

I. Allgemeines	106
II. Die Musterung mit bloßer Fadenänderung	106
III. Einrichtungen zum Fadenwechsel während des Arbeitens	109
IV. Einrichtungen zur Bindungsänderung:	
1. Allgemeines	115
2. Gemusterte Umspinnungen und Zwirnungen	115
3. Gemustertes Flechten	117
4. Die Gewebemusterung	121
5. Die Maschenänderung zur Musterung der Gestricke	128
6. Die Musterung beim Tüllweben	135
7. Die Musterung bei Schleierstoffen mit hin- und hergebundenen Fäden	136
8. Zusammenfassung	139

Vierter Teil. **Die Mustervorschrift und ihre Ausführung und Übertragung auf die Garnverarbeitungsmaschinen.**

I. Vorbemerkung	141
II. Unmittelbar wirkende Mustervorschriften	143
III. Mittelbar wirkende Mustervorschriften	145

Fünfter Teil. **Das Nähen und Sticken.**

I. Vorbemerkung	152
II. Die Fadenbindung der Nähte	152
1. Flach- und Verbindungsnähte	153
2. Randnähte	155
3. Ziernähte als Verbindung mehrerer einfacher Nähte	158
III. Die Herstellung der Nähte (die Fadenbewegung)	160
IV. Die Stoffbewegung beim Nähen und Sticken	162
Nachwort	168

Verzeichnis der Figuren.

Erster Teil. Die einfachen Fadenverbindungen.

Seite

Fig. 1. Die drei Fälle der Verbindung von zwei Fäden miteinander 2
Fig. 2. Die Verbindung von drei Fäden in den drei möglichen Fällen
(Umschlingen, Zwirnen und Flechten) 3
Fig. 3. Ansicht eines dreifädigen Geflechtes (geflochtene Schnur) . 4
Fig. 4. Die Verbindung von vier Fäden durch Zwirnen und Verflechten 5
Fig. 5. Fünf- und zehnfädiges Geflecht (Litzen) 5
Fig. 6. Geflochtenes Streifenstück 5
Fig. 7. Rundgeflecht (Ansicht und Schnitt) 6
Fig. 8. Darstellung des Webens 6
Fig. 9. Webvorgang: Eintragen des Schusses zwischen die Kette . 7
Fig. 10. Schlauchgewebe, Schußeintragung in Ansicht und Schnitt . 7
Fig. 11. Gewebestück mit Schnittkante und glatter Leiste 8
Fig. 12. Fadenschleife (e) und Fadenschlinge (i) 9
Fig. 13. Verbindung von Schlinge und Schleife in einem Fadenstück
durch Ineinanderstecken 9
Fig. 14. Häkelschnur aus durchsteckten Fadenschleifen 10
Fig. 15. Häkeln mit Schlingendurchstecken 10
Fig. 16. Häkelschnuren mit *a* geradem Schlingen-, *b* gewendetem
Schleifen-, *c* abwechselndem Schlingen- und Schleifen-, *d* ebenso
gewendetem Rechts- und Links-, *e* abwechselnd offenem und
gewendetem Schleifen-Durchzug 11
Fig. 17. Verschiedene Schleifen- und Schlingenreihen 11
Fig. 18. Durchstecken einer Schleifen- durch eine Schlingenreihe . . 12
Fig. 19. Fortgesetztes Durchstecken von Schleifenreihen 12
Fig. 20. Fadenverbindung des einfachen Gestrickes von der Ober- und
Unterseite und im Längsschnitt gesehen 12
Fig. 21. Ansicht von einfach gestricktem Stoff von der Vorder- und
Rückseite 13
Fig. 22. Gestrickter Schlauch in Ansicht und Querschnitt 13
Fig. 23. Wendung oder Schränkung des Maschendurchzuges 14
Fig. 24. Rechts und Rechts- oder quergeschränktes Gestrick in loser
und fester Bindung und im Querschnitt 14

Verzeichnis der Figuren. IX

Seite

Fig. 25. Links und Links- oder längsgeschränktes Gestrick in loser und fester Bindung 15
Fig. 26. Verbindung von Schlingenreihen (Schlingendurchstecken) und Schlingengestrick 15
Fig. 27. Kreuzweises Durchstecken von Flachschlingen 16
Fig. 28. Doppelseitige Schlingenreihe eines Fadens 16
Fig. 29. Verzogene doppelseitige Schlingenreihe 16
Fig. 30. Verbindung von Doppelschlingenreihen untereinander und (vorn) mit einfacher Schlingenreihe (Randfaden) 17
Fig. 31. Kettengestrick (richtige Fadenbindung nach Fig. 30) mit weiter Fadenlage 17
Fig. 32. Kettengestrick in dichter Fadenlage (Vorder- und Rückansicht und Quer- und Längsschnitt) 17
Fig. 33. Geschränktes Kettengestrick aus linksstehender Schlingenkette 18
Fig. 34. Kettengestricke mit wechselnder Schlingen- und Schleifenbildung der Fäden 18
Fig. 35. Gegenseitiges Durchstecken von Schleifen und Flachschlingen (Knotenbindungen) 19
Fig. 36. Fadenverbindungen mit gegenseitigem Durchstecken von doppelseitigen Schleifen- (oben) und Schlingenketten (unten) 19
Fig. 37. Knotenverbindung (Netzen) von Schleifen- und Schlingenketten zur Herstellung eines geknoteten Netzes (unten) 19
Fig. 38. Eingehakte Schleifen- und Schlingenverbindung 20
Fig. 39. Schleierstoff mit offener oder Schleifen- (links) und Schlingenverbindung (rechts) 20
Fig. 40. Dichter Flechtstoff mit nur nachbarlicher Fadenverschlingung 20
Fig. 41. Bildung des einfachen Knotens aus der Fadenschlinge . . . 20
Fig. 42. Geknotetes Netz mit einfachen Schlingknoten 21
Fig. 43. Klemmknotenbildung durch Schleifen- und Schlingendurchstecken 21
Fig. 44. Zusammengefaltete Schlinge mit Fadendurchzug (Kreuzknoten) 21
Fig. 45. Bildung des Doppelknotens aus zwei nacheinander gegenseitigen Fadenverschlingungen 21
Fig. 46. Einmalige (links) und $1^{1}/_{2}$ fache Fadenverschlingung zur Netzbildung 22
Fig. 47. Schleifenreihenverbindung von zwei Nachbarfäden mit vollkommenem Fadengefüge 22
Fig. 48. Flechtwerk mit Umfassung von je drei Fäden 22
Fig. 49. Schleifenreihenverbindung wie Fig. 47 aber mit nachgiebigem Fadengefüge (Strickwerk) 23
Fig. 50. Durchbrochenes Weben mit glatter und Drehverbindung (einfach und doppelt) 23

Verzeichnis der Figuren.

	Seite
Fig. 51. Verbindung weitstehender Fäden durch querlaufende Schlingfäden	24
Fig. 52. Fadenverbindung durch kreuzweise Gegenumschlingung (Tüll)	24
Fig. 53. Tüllstoff (Tüllgewebe) mit richtiger Fadenlage	24
Fig. 54. Tüll mit Zwischenschlingung von Sonderfäden auf den Stützfäden	25
Fig. 55. Tüllbindung zwischen zwei Stützfäden	25
Fig. 56. Tüllstoff mit Bindung von drei Stützfäden mit Doppelkreuzung der Schlingfäden ähnlich Fig. 48	25
Fig. 57 u. 58. Tüllbindung mit mehrfacher Umschlingung der Stützfäden für viereckig gelochten Netzstoff mit losen und straff gezogenen Schlingfäden	26
Fig. 59. Verbindung von Stützfäden mit zwischenliegender Schleifenreihe	26
Fig. 60. Fadenbindung der Fenstervorhangstoffe	26
Fig. 61. Mehrfachbindung von Zwischenschleifenfäden für Viereknetzstoff	27
Fig. 62. Umwundene, umflochtene und verzwirnte Schnuren, letztere mit gleicher und verschiedener Zwirnung	27
Fig. 63. Verwebtes Netzgeflecht	28
Fig. 64. Gewebe mit gehäkelter Kette	28
Fig. 65. Netzstoff mit durch Kreuzschlingen verbundener Kette	28
Fig. 66. Gehäkelter Netzstoff	28
Fig. 67. Gestrick mit Längsstützfäden	29
Fig. 68. Gestrick mit Quereintragfäden (Schuß)	29
Fig. 69. Gestrick mit eingefügtem Gewebe	29
Fig. 70. Geknotetes Netz mit zwei zueinander senkrechten Fadenreihen	29
Fig. 71. Bild der Fadenverbindung eines Spitzenstoffes (Spitze)	29

Zweiter Teil. Die Herstellung der einfachen Fadenverbindungen oder Grundbindungen.

Fig. 72. Die verschiedenen Arten der Schleifen- und Schlingenbildung	32
Fig. 73. Zusammenstellung der verschiedenen Garnspulen	35
Fig. 74. Garngebind auf Deckel gewickelt	37
Fig. 75. Einfach und doppelt verschlungenes Garngebind (a und b), Garnknäuel (c) und Fadenstern (d)	38
Fig. 76. Kegelspuler mit fester, beweglicher und bewegter Windungsbildungsfläche	39
Fig. 77. Spuler mit unmittelbarem Spulenantrieb und freier Fadenführung	41
Fig. 78. Kreuzspuler mit Wickeltrommel und angetriebenem Spulendorn	42
Fig. 79. Doppelspulen oder Fadenfachen	44

Verzeichnis der Figuren. XI

Seite

Fig. 80. Kettenschervorrichtung (Fachen von Fadenreihen) und Doppeln von Fadenreihen (Verdichten von Fadenketten) und Bäumen 44
Fig. 81. Garnweifen oder Haspeln zur Strähnbildung 45
Fig. 82. Vorrichtung zum Garnknäuelwickeln 46
Fig. 83. Umschlingen des Grundfadens zur Herstellung umsponnenen Garnes 47
Fig. 84. Umspinnen mit eigenem Anzug des Schlingfadens durch den Grundfaden 47
Fig. 85. Ringzwirner (ununterbrochenes Zwirnen) 48
Fig. 86. Zwirnen durch Umlauf der einfachen Garnkörper mit beliebiger Fadenaufspulung 49
Fig. 87. Absetzendes Zwirnen mit fester Spindel und Kötzerwagen . 50
Fig. 88. Seilmaschine mit getrenntem Vor- und Nachzwirnen . . . 51
Fig. 89. Seilmaschine, Seiler oder Vorseiler, mit vereinigter Vor- und Nachzwirnung 52
Fig. 90. Allgemeine Flechtvorrichtung (Flechten mit drei Faden) . . 52
Fig. 91. Bewegungseinrichtung für die Flechtschiffchen oder die Klöppel und allgemeine Einrichtung dieser 53
Fig. 92. Mehrfadenflechtvorrichtung mit gerader Bahnenanordnung . 55
Fig. 93. Bogen- und Vollkreisanordnung der Flechtbahnen 55
Fig. 94. Arbeitende Teile des mechanischen Webstuhles 56
Fig. 95. Schußbindung bei offenem und geschlossenem Fach . . . 59
Fig. 96. Mehrschäftiges Webgeschirr 60
Fig. 97. Die Arbeitsteile des Rundwebstuhles 61
Fig. 98. Quer- und Längsschnitt des Schlauchwebens auf dem Flachstuhl 62
Fig. 99. Querschnitt eines doppeltstarken Gewebes 63
Fig. 100. Querschnitte von starken oder dicken Geweben mit Bindung des Schusses durch mehrere Kettenschichten 63
Fig. 101. Das Durchstecken oder Überwerfen von Schlingen auf der einfachen Hakennadel 65
Fig. 102. Das Verschließen der Hakenöffnung zum Darüberschieben der zu überwerfenden Masche 65
Fig. 103. Nadel mit federndem Hakenteil, sog. Hakennadel und das Maschenüberwerfen bei derselben 66
Fig. 104. Hakennadel mit beweglicher Zunge, sog. Zungennadel und deren Maschenüberwerfen 67
Fig. 105. Einrichtung der Häkelmaschine 68
Fig. 106. Arbeitswerkzeuge des Wirkstuhles (Nadeln, Scheiden und Presse) 69
Fig. 107. Wirken mit Zugmaschen (Arbeitsvorgang am sog. Cotonoder Zugmaschen-Wirkstuhl) 70
Fig. 108. Die Bewegungseinrichtung des Flachwirkstuhles 71

Verzeichnis der Figuren.

	Seite
Fig. 109. Arbeitsbild beim Rundwirken	72
Fig. 110. Anordnung des Rundwirkstuhles mit drei Arbeitstellen. .	73
Fig. 111. Arbeitswerkzeuge des Ränderwirkstuhles zum Wirken mit quer geschränkten Maschen	74
Fig. 112. Arbeitsbild der Strickmaschine mit Zungennadeln . . .	75
Fig. 113. Schloß zur Nadelverschiebung bei der Strickmaschine . .	76
Fig. 114. Nadelanordnung der Rundstrickmaschinen	76
Fig. 115. Doppelnadel- oder Schlauchstrickmaschine	77
Fig. 116. Arbeitsbild der Doppelhakennadel-Strickmaschine zum Längsgeschränkt- oder Linksundlinks-Stricken	78
Fig. 117 a bis c. Arbeitsvorgang des Kettenstrickens mit Hakennadeln	79
Fig. 118. Einrichtung des Kettenwirkstuhles	80
Fig. 119. Einrichtung der Kettenstrickmaschine (Raschel)	81
Fig. 120. Gestrick mit schräg verlaufender sich kreuzender Maschenbildung (Kreuzwirkware)	82
Fig. 121. Einrichtung des Kreuzwirkstuhles (Milanese-Stuhl) . . .	83
Fig. 122. Vorrichtung zur Kettendrehung mit abwechselnder Schafthebung	85
Fig. 123. Ausführung der Dreherbindung mit Nadelkämmen und Zwirnvorrichtungen	85
Fig. 124. Darstellung der Fadenumschlingung für die Bindungen mit Stützfäden	87
Fig. 125. Einrichtung des Tüllwebstuhles	88
Fig. 126. Arbeitsstufen der Hertstellung des Tüll	89
Fig. 127. Arbeitsteile des Stuhles für Vorhang-, Netz und Schleierstoffe mit zwischen Stützfäden durch Umschlingung gebundenen Querfäden	91
Fig. 128. Endknoten im Doppelfaden	93
Fig. 129. Herstellung des einfachen Schlingknotens am Fadenende .	93
Fig. 130. Bildung des einfachen Schlingknotens im laufenden Faden	94
Fig. 131. Einrichtung einer Netzknüpfmaschine	95
Fig. 132. Bindungsbild der Knotens bei der Netzknüpfmaschine mit längsgezogenem Netz	96
Fig. 133. Einrichtungen zur Fadenspannung	98
Fig. 134. Fadenspanner mit begrenzender Freigabe	99
Fig. 135. Einfache Kettenbaumbremse	100
Fig. 136. Kettenablaßregler mit veränderlicher Kettenbaumdrehung .	100
Fig. 137. Warenabzug mit Zugwalze und freier Aufrollung . . .	101
Fig. 138. Warenabzugregler mit veränderlicher Verdrehung zur gleichmäßigen Aufwickelung	101
Fig. 139. Warenaufwickeler mit gesteuertem Gewichtsabzug . . .	102
Fig. 140. Die verschiedenen Arten der Vorrichtungen zur selbsttätigen Arbeitsabstellung bei Fadenbruch	104

Verzeichnis der Figuren. XIII

Dritter Teil. Die Änderung und der Wechsel der Fäden und Bindungen für die Musterung der Stoffe. Seite

Fig. 141. Webstuhllade mit verschiebbarem Schützenkastenreihen, sog. Wechsellade zum Wechseln des Schusses oder zum Schützenwechsel 110
Fig. 142. Webmuster bei zweifädigem Schuß- oder Kettfadenwechsel 111
Fig. 143. Webmuster bei gleichzeitigem zweifädigem Schuß- und Kettfadenwechsel 111
Fig. 144. Webmuster mit zweifachen doppel- und einfädigem Kettfaden- und zweifachem doppel und einfädigem Schußwechsel 111
Fig. 145. Webmuster mit dreifädigem Kettfaden- und zweifädigem Schußwechsel, dreifädigem Kettfaden- und Schußwechsel und doppelfädigem dreifachem Kettfaden- und Schußwechsel 112
Fig. 146. Einrichtung zum Fadenwechsel bei flachen Wirkstühlen und Strickmaschinen 113
Fig. 147. Einfaches Gestrick mit wechselnden Querstreifen in zwei Maschenreihen 114
Fig. 148. Gestrick mit Längsstreifen und Bindung der Streifenränder in einfachen und Doppel-Maschen 114
Fig. 149. Einrichtung zum beliebigen Fadenwechsel beim Doppelfadenwirken für Längs- und Querstreifen, Punkt- und andere Musterung 114
Fig. 150. Muster von Umspinnungen und Zwirnungen durch wechselnde Fadengeschwindigkeiten u. dergl. 116
Fig. 151. Achtfädiges Geflecht mit verschiedener Fädenspannung . 117
Fig. 152. Hohlgeflecht mit verschiedenartigen und Doppelfäden . . 117
Fig. 153. Bindungsänderungen des einfachen Geflechtes durch verschieden große Bahnen- und Klöppelzahl, sowie Mitnehmerteilungen 118
Fig. 154. Geflechtmuster mit wechselnder und geteilter Bindung und Ruhelage von Fäden 118
Fig. 155. Bewegliche Weichenzungen in der Schiffchenbahn . . . 119
Fig. 156. Randschlingenbildung beim Flechten 119
Fig. 157. Flechten mit mehrfachen Klöppeln 120
Fig. 158. Entwickelung der Schleifengewebe und solcher mit auf geschnittenen Schleifen oder mit Haardecke (Sammt und Plüsch) 121
Fig. 159. Doppelplüsch-Gewebe 122
Fig. 160. Teppichgewebe mit eingeknüpften Fäden 122
Fig. 161. Eingezogene Fadenschleifen 122
Fig. 162. Herstellung von Bändchen mit Faserrand und deren Verwebung (Axtminster-Teppich) 123

XIV Verzeichnis der Figuren.

Fig. 163. Unreines Webfach bei mehrschäftigem Geschirr mit gleicher Schafthebung 124
Fig. 164. Reines Webfach bei gleichem Geschirr durch zunehmende Aushebung der Schäfte 124
Fig. 165. Gewebebindungsbilder und Musterdarstellung der drei Grundbindungen (Leinwand, Köper und Atlas) mit Vereinigungsbeispiel 125
Fig. 166. Gewebe- und Musterbild als Beispiel beliebiger Musterung 127
Fig. 167. Arbeitsvorgang des Maschenübertragens (Minderns) bei Hakennadeln 129
Fig. 168. Ösennadel zum Mindern bei der Zungennadel 129
Fig. 169. Bindungsbilder: links für das Mindern, rechts für das Zunehmen der Warenbreite 130
Fig. 170. Maschenübertragung über zwei Nachbarnadeln 130
Fig. 171. Zusammenstellung der Mittel zur Änderung der Maschenbindung (Nadelzurückziehen, Teilpressen und Maschenübertragen) 131
Fig. 172. Bindungsbilder für die drei in Fig. 171 gezeigten Arten der Maschenbindungsmitteln 131
Fig. 173. Musterbild von Langmaschen mit versetzten freien Querfäden belegt (Querstreifenmuster) 132
Fig. 174. Schrägstreifen mit Langmaschen 132
Fig. 175. Durch Hohlbindung hervorgehobenes Muster (Petinetmuster) 132
Fig. 176. Zwei Musterbeispiele für die Verbindung von Maschenausschaltmitteln mit Quergeschränktmaschen (Fangmuster) 133
Fig. 177. Musterbild von Kettengestricken mit versetzten Maschenreihen und unterbrochener Maschenbindung 133
Fig. 178. Musterbild eines Kettengestrickes mit mehrfachen Musterungsmitteln 134
Fig. 179. Einrichtung zur Beeinflussung jeder einzelnen Legernadel zur Musterung beim Kettenwirken und -stricken 134
Fig. 180. Bindungsbilder für die Musterung von Tüllgeweben . . . 135
Fig. 181. Absetzend weiterschreitende Verschiebung der Querfäden mit jedesmaliger Bindung an den Stützfäden 136
Fig. 182. Erweiterungen der Bindung Abb. 181 mit Zwischenumschlingung vor dem Kehren 136
Fig. 183. Bindungen ohne Stützfäden 137
Fig. 184. Einzelfadenregelung zur seitlichen Bindung der Querfäden 137
Fig. 185. Schnitt der Stuhlanordnung für die Musterung bei der Bindung von Querfäden und der Zusammenführung von Stützfäden 138
Fig. 186. Bindungsbild für verschieden weite Bindung der Querfäden und das Zusammennehmen mit Stützfäden 139

Verzeichnis der Figuren. XV

Vierter Teil. Die Mustervorschrift und ihre Ausführung und Übertragung auf die Garnverarbeitungsmaschinen.

Seite
Fig. 187. Daumen-Musterwalze mit Andruckhebeln in Anwendung zur Schaftbewegung beim Weben und Daumen-Spurscheibe zur zwangsweise-kraftschlüssigen Einstellung 143
Fig. 188. Daumenmusterkette mit Gewichtsauflaghebeln 144
Fig. 189. Daumenmusterkette mit Einstellhaken zur mittelbaren Musterbetätigung 145
Fig. 190. Verschiedene Arten von Musterketten: Hubrollen und Hubnasen, Blechplatten und Pappkarten 146
Fig. 191. Bewegungseinrichtung mit Hubrollen-Lenkkette 146
Fig. 192. Pappkette oder Musterkarte mit Einfallhaken 147
Fig. 193. Einrichtung zur Benutzung leichter Musterkarten: Einstellung durch Zwischenvermittelung 147
Fig. 194. Vervielfachte Einstellung mit leichter Musterkarte (Jacquardmaschine) 148
Fig. 195. Mustereinrichtung für verschieden weite Einstellung . . 149
Fig. 196. Musterung durch Zwischenschaltung einer zweiten Stellvorrichtung zur leichten Einstellung durch dünneres Musterpapier 150
Fig. 197. Durch Musterung einstellbare Knaggen für verschiedene Pressung 150

Fünfter Teil. Das Nähen und Sticken.

Fig. 198. Einfadennähte zur Verbindung von Stofflagen (Schleifen und Schlingenketten) 153
Fig. 199. Schleifendurchzugkette, sogen. Kettelnaht, Verbindungs- und einseitige Ziernaht 153
Fig. 200. Doppelfadennähte mit einseitiger Schleifenbildung uud Fadendurchzug 154
Fig. 201. Verbindungen von Schleifen- und Schlingenketten als Ziernähte 154
Fig. 202. Doppelsteppstichnaht (eingehängte Schleifenketten) . . . 155
Fig. 203. Benähen der Schnitt- und Lochränder 155
Fig. 204. Stepprandnaht und überwendliche Randnaht 156
Fig. 205. Schlingenketten als Umnähte 156
Fig. 206. Einfaden-Randnähte mit Schleifenkettelung 156
Fig. 207. Zweifaden-Randnähte mit Randüberdeckung 157
Fig. 208. Maschen-Randnähte mit einigen Arten der Einfassung und Verbindung 157
Fig. 209. Dreifaden-Randnaht 158

Verzeichnis der Figuren.

Fig. 210. Verbindung von zwei Kettelnähten mit engem und weitem Stich und Garnverschiedenheit 158
Fig. 211. Verbindung einer Kettelnaht mit einer gleichen seitlich springenden Naht und verschieden starkem Garn 159
Fig. 212. Dreifaden-Ziernaht als Doppelsicherung einer Maschenkette 159
Fig. 213. Sicherung oder Aufnähen einer zierenden Maschenkette mit Kettelnähten 159
Fig. 214. Stichmusterung bei einfacher Steppnaht zum Sticken . . 160
Fig. 215. Schleifenbildung mit kreisendem Fadenleger für Kettelnähte 160
Fig. 216. Greifer zum Fangen und Halten der Fadenschleife . . . 161
Fig. 217. Schiffchen zum Durchstecken der Fadenschleife zur Bindung derselben 162
Fig. 218. Allgemeine Anordnung der Arbeitsteile der Nähmaschinen 163
Fig. 219. Anordnung der arbeitenden Teile der Handstickmaschine . 165
Fig. 220. Führung des Stoffrahmens bei Stickmaschinen durch Handabstechung des Musters 166
Fig. 221. Selbsttätige Einstellung des Stickrahmens durch zwei senkrecht zueinander stehende, beliebig verdrehte Schrauben 167

Leitsatz: „Der Vergleich ist die Mutter des Fortschrittes".

Vorbemerkung.

Die Spinnerei verarbeitet den Urstoff, das Fasergut, zu Garn, welches nun den Verarbeitungsstoff für die Herstellung der sogenannten textilen Waren abgibt, die wieder den Stoff für die Gegenstände der Bekleidung, der Lebens- und Wirtschaftsführung bilden. Die Bezeichnung „textil" für die Erzeugnisse der Garnverarbeitung ist, wenn auch fremdsprachig, doch weltumfassend, und es besteht auch für den ganzen Zweig des technischen Gewerbefleißes als Allgemeinbezeichnung das Wort „Textilindustrie", welches Gebiet neben der Garnverarbeitung auch die Faserverarbeitung, also die Garnherstellung oder Spinnerei, und die Ausrüstung der Textilwaren in bezug auf Aussehen, Farbe und Verwendungsart für die Zwecke des Bekleidungs-, Wohnungs- und Wirtschaftsgewerbes zum verschneidungs- und nadelfertigen Stoff, ja die Verarbeitung derselben auch in sich faßt.

Wie nun die Spinnerei die Fasern in Ordnung zu bringen und zu einem haltbaren Faden zu verbinden hat, besteht in gleicher Weise auch die Garnverarbeitung in einem Ordnen der Fäden in bestimmter Lage zu ihrer Vereinigung und Verbindung untereinander, um damit runde oder flächenartige haltbare Körper in verschiedensten Abmessungen und Stärken herzustellen, die auch verschiedenen Eigenschaften in bezug auf Dehnung und Geschmeidigkeit, und schließlich auf ihr Aussehen in bezug auf Geschmack und Kunstsinn zu entsprechen haben. Diesen auseinandergehenden Forderungen entsprechend sind die Fadenverbindungen sehr vielseitig und die Garnverarbeitung gliedert sich nach den verschiedenen Arten der Fadenverbindungen demzufolge in mehrere Zweige, wie die Zwirnerei, Flechterei, Weberei, Strickerei, Netzerei usw., die sich scheinbar getrennt gegenüberstehen, die aber alle das Einigende, das Gleiche: die Herstellung von Fadenverbindungen aus der gleichen Einheit besitzen und deshalb auch vielfach ineinandergreifen.

Erster Teil.
Die einfachen Fadenverbindungen.
I. Verbindungen mit gerader Fadenlage.

Der einfachste Fall der Fadenverbindung ist die Vereinigung zweier Fäden in gerader Lage, und da eine Verbindung derselben nur durch eine gegenseitig oder miteinander erfolgende Bewegung möglich ist, so ergeben sich für diese drei getrennte Fälle: ein Faden bewegt sich gegen den andern, der entweder ruhend oder selbst entgegen bewegt wird, und beide Fäden bewegen sich zusammen miteinander. Fig. 1 veranschaulicht diese drei Fälle in der Draufsicht und darunter im Querschnitt der Fäden. Von den bei *a* nebeneinander gerade liegenden Fäden *1* und *2* kreist zunächst der zweite Faden *2* um den in Ruhe bleibenden ersten Faden *1*, wie bei *b* gezeigt; es findet also die Umschlingung oder Umwindung des Ruhfadens *1*

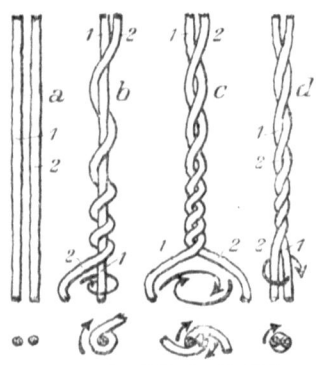

Fig. 1. Die drei Fälle der Verbindung von zwei Fäden miteinander.

mit dem Schlingfaden *2* statt, die Fadenverbindung ist also ein Fadenumschlingen, das man in Anlehnung des Bewegungsvorganges beim Spinnen auch, allerdings nicht zutreffend, als Umspinnen bezeichnet.

Wenn beide Fäden eine solche Umschlingungsbewegung gegenseitig ausführen, so entsteht eine Verschlingung der Fäden, wie bei *c* gezeigt ist, und diese Fadenverbindung bildet die Grundlage des Flechtens, d. h. ein Faden umflicht immer den anderen.

Wenn beide Fäden aneinander liegend zusammen um die Mitte der doppelten Fadenlage gedreht werden, so legen sich die Fäden, wie das Bild *d* zeigt, in Schraubenwindungen dicht aneinander, es wird Zwirn hergestellt, d. h. ein Faden, der an Stelle von Fasern wieder aus Fäden besteht und dadurch, daß

Verbindungen mit gerader Fadenlage.

die einzelnen Faserstücke durch das fortlaufend feste Garn ersetzt sind, eine um mehr als das Doppelte erhöhte Festigkeit aufweist. Diese Fadenverbindung, das Zwirnen, erscheint nach *c* gleichartig mit dem Flechten. Dies trifft aber nur bei der Verbindung von zwei geraden Fadenlagen zu, bei drei Fadenlagen, für welche in Fig. 2 die drei Bewegungsfälle: ein Teil um den andern, im zweiten Bild, die Teile zusammen, im dritten, und gegenseitig untereinander, im übrigen, veranschaulicht sind, wird der Unterschied deutlich.

Für den ersten Fall, das Umschlingen, kann von den drei Fäden *1* bis *3* einer um die beiden andern aneinander liegenden, ruhenden Fäden geschlungen werden, oder ein solcher zweifacher oder Doppelfaden einen Ruhfaden umschlingen.

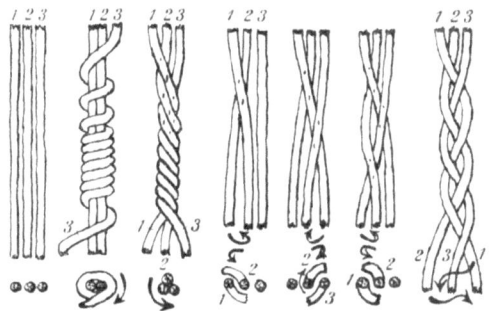

Fig. 2. Die Verbindung von drei Fäden in den drei möglichen Fällen (Umschlingen, Zwirnen und Flechten).

Für den zweiten Fall, die Zusammendrehung, das Zwirnen der dann im Dreieck aneinander zu liegen kommenden drei Fäden, wie im unteren Schnittbilde zu sehen, also des dreifachen Fadens um sich selbst, erhält man wieder einen Faden als dreifachen Zwirn.

Für den dritten Fall der gegenseitigen Umschlingung hat eine solche zwischen den Fäden *1* und *2*, dann zwischen *1* und *3* und schließlich zwischen *2* und *3* nacheinander stattzufinden. Es geht also immer bei dem Umschlingen ein Faden zwischen den andern beiden hindurch und die Fortführung dieser gegenseitigen Fadenbewegung ergibt ein Geflecht. Auch hier verlaufen die Fadenlagen in Schraubenwindungen wie beim Zwirn, die Bogenlagen kreuzen sich aber und diese Fadenkreuzung ist das kenn-

4   Die einfachen Fadenverbindungen.

zeichnende Merkmal für das Flechten gegenüber der glatten Aneinanderlage der Fäden beim Zwirnen.

Diese Kreuzung der Fadenlagen ist es, welche der Fadenverbindung Haltbarkeit verleiht, und wenn auch schon bei der Fadenumschlingung nach b in Fig. 1 die Lage der verbundenen Fäden eine sich kreuzende ist, so muß doch eine Befestigung der Fadenenden in der Verbindung stattfinden, wenn sich dieselbe nicht wieder auflösen soll. Die Kreuzung der Fadenlagen an sich bedingt daher auch nicht die Haltbarkeit der Verbindung, sondern erst die wiederholte Lagenkreuzung mit Abwechselung der Fäden in bezug auf ihre gegenseitige Lage. Flach liegend muß also die Fadenverbindung die Fäden in ihrem Verlaufe abwechselnd oben und unten liegend zeigen; dies gibt im Zusammenhalt der Fäden deren Bindung oder Gefüge, oder allgemein technisch, den Verband.

Fig. 3. Ansicht eines dreifädigen Geflechtes (geflochtene Schnur).

Das Geflecht in Fig. 2 zeigt die Fäden lose liegend, es gilt aber auch, wie bei der Garnherstellung mit den Fasern, hier die Rauheit der Fäden bei ihrer festen Aneinanderlage zur Hervorbringung einer gegenseitigen Reibung beim Gleiten der Fäden aneinander auszunützen. Die Festigkeit der Fadenverbindung wird also durch die dichte Lage der Fäden, den Schluß oder das dichte Gefüge gesichert. Es geht dies aus Fig. 3, welche das dreifädige Geflecht in dichten Fadenlagen zeigt, hervor, und eine haltbare Fadenverbindung erfordert folglich in erster Linie die abwechselnde Kreuzung der Fadenlagen, in zweiter Linie deren dichtes Gefüge.

Fig. 4 zeigt für vier aneinander liegende oder aneinander gereihte Fäden 1 bis 4, also eine vierfache Fadenreihe bei a das Zwirnen, bei b, c und d das halbe Umschlingen oder Verflechten in den drei aufeinander erfolgenden Bewegungsstellungen, bei e das lose und bei f das geschlossenere vierfädige Geflecht, bei dem die Kreuzung der Fadenlagen noch deutlicher wird. Dies tritt bei der Steigerung der Fadenreihe nach der Fig. 5 für ein fünf- und zehnfädiges Geflecht immer klarer auf, also die abwechselnde Ober- und Unterlage der Fäden in dem Verlaufe ihrer Bindung.

Verbindungen mit gerader Fadenlage. 5

Fig. 6 gibt entsprechend der Fig. 3 die Ansicht eines neunfädigen dichten Geflechtes, das als flacher Streifen Litze und auch Tresse genannt wird, welche Bezeichnung allgemein für streifenartige Geflechte gilt. Bei Geflechten von wenigen Fäden spricht

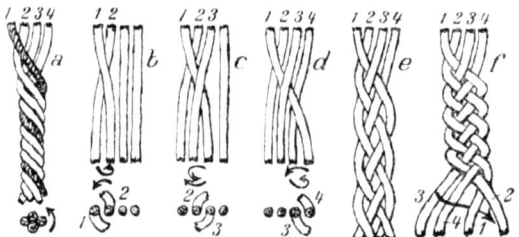

Fig. 4. Die Verbindung von vier Fäden durch Zwirnen und Verflechten.

man von Schnüren, welche Bezeichnung auch für die Erzeugnisse des Umspinnens und Zwirnens angewendet wird, und man hat daher zwischen Umwickel- oder Wickel-, Zwirn- und Flecht-Schnüren zu unterscheiden.

Zu Fig. 6 ist noch zu bemerken, daß die schrägen Querstriche der Fadenlagen die Lage der Fasern in den Fäden an-

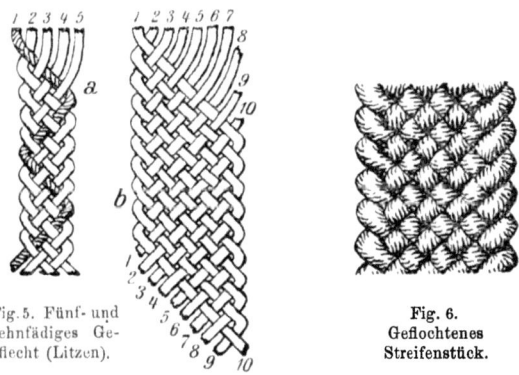

Fig. 5. Fünf- und zehnfädiges Geflecht (Litzen).

Fig. 6. Geflochtenes Streifenstück.

geben, und es findet demnach bei gleichgedrehten Fäden eine Kreuzlage der Fasern statt, die aber bei der kreuzenden Lage der Fäden zu einem Ineinanderfügen der Fasern an den Fadenberührungsstellen führt.

6   Die einfachen Fadenverbindungen.

Der Fadenverlauf im Geflecht ist hin- und hergehend, wie in Fig. 5 bei *a* durch Strichelung eines Fadenlaufes besonders ersichtlich gemacht ist; der Flechtfaden kehrt also im Fortgang seiner Umschlingungsbewegungen immer in die Richtung seiner Anfangsstellung zurück. Dieses Zurückkehren erfolgt auch bei der Bewegung im Kreise oder im Schraubengang, und deshalb kann

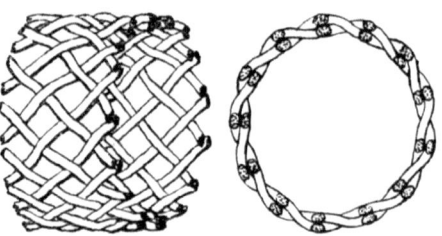

Fig. 7. Rundgeflecht (Ansicht und Schnitt).

das Flechten statt flach auch im Kreise stattfinden. Das dabei erzeugte runde Geflecht, also einen Schlauch, veranschaulicht Fig. 7 (mit lose liegenden Fäden) und der beistehende Querschnitt gibt das kennzeichnende Schnittbild eines geflochtenen Schlauches. Die Fäden verlaufen in rechts- und linksgängigen Schraubenlinien sich kreuzend mit wechselnder Ober- und Unterlage.

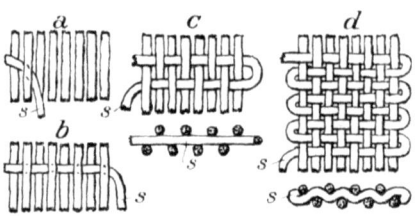

Fig. 8. Darstellung des Webens.

Diese Lage läßt sich auch durch ein Ineinanderschieben von Fäden erzielen, denn jeder Faden findet im Flechtbilde in seinem Verlaufe eine Reihe ihm quer entgegenstehender Fäden vor, zwischen denen er abwechselnd ober- und unterhalb, also schlangenförmig oder bogenbildend hindurchgehen muß. Fig. 8 veranschaulicht diesen Vorgang. In einer Reihe nebeneinander liegender Fäden wird ein Faden *s* in den Fadenzwischenräumen,

Verbindungen mit gerader Fadenlage. 7

wie bei a gezeigt ist, quer durchgezogen, daß derselbe wie bei b in der Reihe liegt. Die Rückführung des Fadens in gleicher Weise mit Wechselung der Fadenlage zeigt das Bild c mit untergesetztem Schnitt zur Verdeutlichung der Lage des Fadens s in der quer gerichteten, also durchschnittenen Fadenreihe. Bei Fortsetzung dieser Fadenverbindung ergibt sich ein Streifen, bei d, mit einer dem Geflecht (Fig. 5) ganz ähnlichen Fadenverbin-

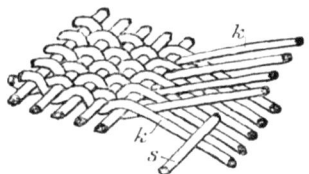

Fig. 9. Webvorgang: Eintragung des Schusses zwischen die Kette.

dung. Während diese beim Geflecht aber aus einer Fadenreihe durch deren gegenseitige Kreuzlage gebildet wird, tritt hier zu dieser Reihe ein weiterer besonderer Faden, welcher die Reihe hin- und hergehend durchschießt. Es ist dies das Weben, das im besonderen durch Fig. 9 veranschaulicht wird. In der Fadenreihe wechselt die Hälfte der Fäden abwechseld ihre Lage oben und unten und zwei benachbarte Fäden bilden mit ihren Ausbiegungen Augen oder Glieder einer Kette, durch deren Gliederöffnungen

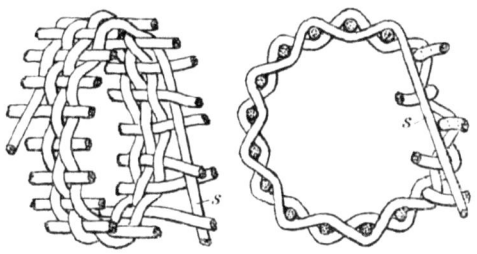

Fig. 10. Schlauchgewebe, Schußeintragung in Ansicht und Schnitt.

der Querfaden gesteckt wird. Man nennt deshalb die Fadenreihe die Kette, den durchschießenden Querfaden den Schuß, oder, da derselbe nach Fig. 9 zwischen auseinandergespreizten Teilen der Kette in das damit gebildete Fach eingelegt oder eingetragen wird, auch Eintrag.

Auch beim Weben macht, wie Fig. 8 zeigt, der Schußfaden eine hin- und rückkehrende Bewegung in der Kettfadenreihe, und diese Bewegung läßt sich wie beim Flechten auch im Kreise ausführen. Es gibt also wie Flach- und Rundgeflechte auch

Flach- und Rund- oder Schlauchgewebe, welch letzteres mit der Eintragung des Schusses Fig. 10 wieder in Ansicht und Schlauchquerschnitt veranschaulicht. Die rund hergestellten Geflechte und Gewebe ergeben beim Längsaufschneiden der erhaltenen Schläuche auch ebene Gebilde, also flache Stoffe, doch fehlen den erhaltenen Streifen die durch die Fadenumbiegungen beim Flacharbeiten erhaltenen glatten und festen Ränder; sie besitzen Schnittränder, die faserig aussehen und an denen die Fäden aus ihrer Verbindung sich lockern und lösen können. Dies ist bei den durch Fadenverbindung hergestellten glatten Rändern, die man auch Kanten und Leisten nennt, nicht der Fall. Fig. 11 macht an einem Gewebestück links den Schnittrand und rechts die gebundene Leiste deutlich.

Fig. 11. Gewebestück mit Schnittkante und glatter Leiste

Die Fadenverbindung ist beim Flechten und Weben an sich die gleiche trotz der verschiedenen Herstellung durch gegenseitig abwechselndes Halbumschlingen oder Verschlingen und Zwischenschieben von Fäden, doch arbeitet das Flechten nur mit einer Fadenreihe, zu der beim Weben als wichtiges Unterscheidungsmerkmal ein besonderer für sich bewegter weiterer Faden tritt. Bei ungeschnittenen Stücken mit im Faden gebundenem Rand verlaufen die sich kreuzenden Fäden vom Rand aus beim Geflecht auseinandergehend schräg, beim Gewebe ist von der Fadenumbiegung am Rande aus eine nebeneinander gleichgerichtete Lage der Fäden zu finden. Beim Gewebe haben die Kettfäden den Zug in der Längsrichtung des Stoffes aufzunehmen, beim Geflecht wirkt dieser Längszug auf das Fadengefüge und zwar zu einer Verdichtung desselben, und folglich wird das Geflecht dem Gewebe gegenüber eine bessere Längendehnbarkeit ohne Störung der Haltbarkeit aufweisen. Das gleiche ist auch bei Dehnung in der Querrichtung der Fall.

II. Fadenverbindungen mit gebogener Lage.

Eine Biegung des Fadens zu seiner Verbindung besteht, wie bemerkt, schon bei den bisher betrachteten Fadenverbindungen, ohne aber Selbstzweck zu sein. Nur beim Umschlingen Fig. 1 bei *b* ist dies gewissermaßen der Fall. Der bewegte Faden

Fadenverbindungen mit gebogener Lage.

wird um die Ruhfäden geschlungen, er bildet also bei seiner Biegung fortlaufend Schlingen. Erfolgt diese Fadenbiegung, die im geraden Verlauf der Fäden in den bisherigen Bindungsbildern sich weniger zeigt, nur im Halbkreis, so gibt dies eine Schleife, die als aus einem geraden Fadenstück herausgebogen, als Zweckabbiegung, Fig. 12 bei e zeigt. Die Fadenbiegung im vollen Kreis, also in sich zurückkehrend, gibt die richtige Schlinge i. Schleife und Schlinge, als durch Ausbiegung des Fadens aus seinem Verlaufe erzeugte Gebilde, erscheinen nun als die Grundstücke weiterer Fadenverbindungen; die Fäden liegen, wie schon bemerkt, bei den Geflechten und Geweben zwar in flacher Schleifenform, d. h. in Schlangenlinien, die sich als eine fortlaufende Verbindung rechts- und linksseitiger Fadenabbiegungen — vergl. hierzu Fig. 17 bei a — kennzeichnet, doch sind die Fäden durch das kreuzende Gefüge gebunden, nicht durch das Ineinandertreten der Fadenbiegungen.

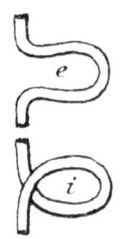

Fig. 12. Fadenschleife (e) und Fadenschlinge (i).

Faden-Schlingen und -Schleifen, im fortlaufenden Faden gegebogen, werden, ohne einem geraden Verlauf wie bisher zu folgen, in sich und untereinander verbunden und zwar durch Ineinanderstecken, welches mit der Schlingen- bezw. Schleifenbildung und dem Ineinanderschieben die Grundarten der Be-

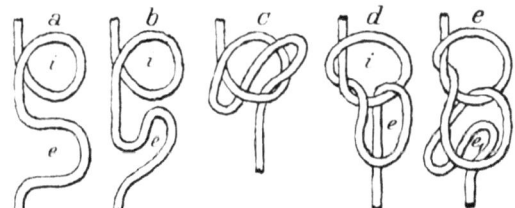

Fig. 13. Verbindung von Schlinge und Schleife in einem Fadenstück durch Ineinanderstecken.

wegung der Fäden zu deren Verbindung bildet. Dieses Ineinanderstecken zeigt Fig. 13, wo bei a die im fortlaufenden Faden gebildete Schlinge i und Schleife e zu sehen sind. Die Schleife e wird nun, wie bei b und c ersichtlich ist, durch die Öffnung der Schlinge i gesteckt und ergibt dann, wie bei d gezeigt, eine geschlossene Fadenlage, einen Ring wie die Schlinge i gebildet, durch welche, wie bei *e* dargestellt, eine im fortlaufenden Faden neu gebogene Schleife e_1 gesteckt wird. Es ergibt dies dann das Stück *a* in Fig. 14 und die Fortsetzung dieser Schleifenbildung und Durchsteckung, das natürlich auch als **Durchziehen** gilt, welche Arbeit mit **Häkeln** bezeichnet wird, ergibt dann eine fortlaufende Fadenverbindung, bei *b*, in welcher als das kennzeichnende Merkmal der Haltbarkeit wieder die abwechselnde Ober- und Unterlage der Bindungsteile zu finden ist. Diese so erhaltene **gehäkelte Schnur** zeigt Bild *c* längsgezogen und Bild *d* mit zunehmend dichterer Fadenlage.

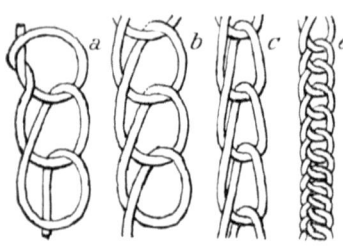

Fig. 14.
Häkelschnur aus durchsteckten Fadenschleifen.

Dieses fortlaufende Durchstecken mit der **Fadenschlinge** vorgenommen, veranschaulicht in den aufeinanderfolgenden Arbeitsstufen Fig. 15, und ergibt sich dabei eine gehäkelte oder **Häkelschnur** nach *a* in Fig. 16, welche Figur bei *b* bis *e* noch weiter solche Längsverbindungen eines Fadens in sich zeigt, die erhalten werden, wenn abwechselnd Schlingen und Schleifen nacheinander und die Fadenwendung, d. i. der Durchzug nach rechts und links, dabei stattfindet. Von

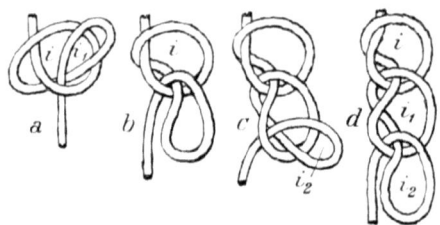

Fig. 15. Häkeln mit Schlingendurchstecken.

allen diesen Häkelschnuren geben nur die Bilder *b* in Fig. 14 und *d* in Fig. 16 in sich vollkommen haltbare Fadenverbindungen durch das richtige Ineinanderfügen der Fadenlagen, also nur durch das gleichbleibende Schleifendurchziehen, das einfache Häkeln und das abwechselnde Schleifenwenden.

Im Faden kann das fortlaufende Schleifen- und Schlingen-

Fadenverbindungen mit gebogener Lage.

bilden abwechselnd nach beiden Seiten vor sich gehen, und bei der Schlingenbildung, wo sich die Fadenlage kreuzt, kann an der Kreuzungsstelle auch die Fadenlage wechseln. Es ergeben sich daher reine und wechselnde Schleifen- und Schlingenreihen, wie diese Fig. 17 zeigt. Solche Reihen untereinander durch Ineinander-

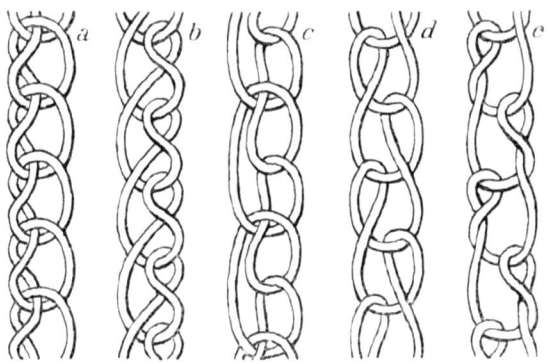

Fig. 16. Häkelschnuren mit a geradem Schlingen-, b gewendetem Schleifen-, c abwechselndem Schlingen- und Schleifen-, d ebenso gewendetem Rechts- und Links-, e abwechselnd offenem und gewendetem Schleifen-Durchzug.

stecken zu verbinden, ist eine weitere Garnverarbeitung und zeigt für eine Schleifenreihe e und eine Schlingenreihe i Fig. 18 diesen Vorgang. Bei a liegt die erstere auf der letzteren, und die Schleifen werden in die sich in gleichen Abständen darbietenden

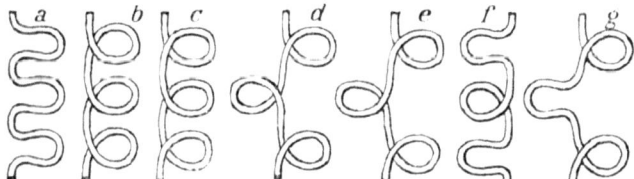

Fig. 17. Verschiedene Schleifen- und Schlingenreihen.

Schlingen, wie bei b gezeigt, von oben nach unten gesteckt und nach dem Bilde c durchgezogen. Dieses Durchziehen einer Schleifenreihe wird nun wiederholt, da die durchgezogenen Schleifen nunmehr die zuerst durch die Schlingen gegebenen Fadenringe abgeben. Dieser Vorgang, das Stricken, zeigt

Fig. 19, und es ist beinahe derselbe wie beim Häkeln: der Anfang jeder Fadenschleifenverbindung erfordert für den Durchzug die geschlossene Schlinge, die Schlingenreihe gibt also den haltbaren Anfangsrand.

Den bei dem Durchziehen von Schleifenreihen erhaltenen Stoff, das Gestrick, zeigt in seiner Fadenverbindung Fig. 20, links von der Ober-, rechts von der Unterseite gesehen. Es ist darnach ein kennzeichnendes Merkmal des Gestrickes, dessen Fadenschleifen Maschen genannt werden, daß sein Fadengefüge auf beiden Seiten verschiedenes Aussehen gibt, und daß dieses Ge-

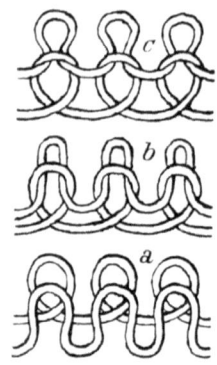

Fig. 18.
Durchstecken einer Schleifendurch eine Schlingenreihe.

Fig. 19.
Fortgesetztes Durchstecken von Schleifenreihen.

füge im Verlauf der verbundenen Fadenlagen nicht die abwechselnde Über- und Unterlage der Fäden zeigt. Das Gefüge ist also nicht fest geschlossen, jede Fadenlage wird nicht durch die nächste quer entgegenstehende unverschiebbar gebunden, denn die Schleifenbogen fassen sich gegenseitig; dadurch wird

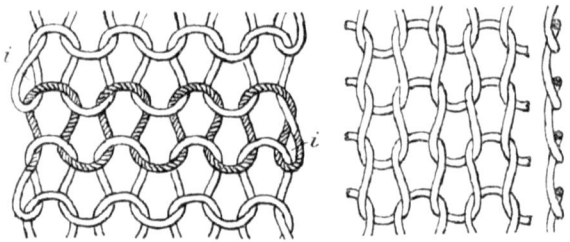

Fig. 20. Fadenverbindung des einfachen Gestrickes von der Ober- und Unterseite und im Längsschnitt gesehen.

die Fadenverbindung nachgiebig und verschiebt sich einem stellenweisen Eindruck folgend. Dieses mögliche Eindrücken des flachen Stoffes gibt die gute Anlage des Gestrickes an den bedeckenden wechselnd-runden Körper, was beim Gewebe, auch wenn die Fadenlagen lose gefügt sind, wegen ihrem sich kreuzenden Verlauf nicht der Fall ist. Fig. 20 veranschaulicht die Fadenverbin-

Fadenverbindungen mit gebogener Lage. 13

dung des Gestrickes auseinandergezogen oder lose gefügt; die dichte Verbindung, den gestrickten Stoff, in seinem beiderseitigen Aussehen zeigt Fig. 21, und daraus ist ersichtlich, daß die Oberseite, die man als rechte Seite bezeichnet, eine Längsrippung durch die Aneinanderlage der Seitenteile der Maschen ergibt, während die Unter- oder linke Seite des Gestrickes durch die kürzeren Maschenbogen eine abgesetztere Querrippung erkennen läßt.

Fig. 21. Ansicht von einfach gestricktem Stoff von der Vorder- und Rückseite.

Da die Maschenreihen von nur einem Faden gebildet werden, wie in Fig. 20 an einer Reihe gestrichelt angegeben ist, kann dieser Faden von einer solchen Reihe am Ende gleich zum Anfang der nächsten Reihe überspringen, wie im linken Bilde gezeigt. Der folglich fortlaufend hin- und hergehend Maschenreihen bildende Faden gibt beim Überspringen dann Schlingen i, welche einen geschlossenen Seitenrand des Gestrickes abgeben, wenn

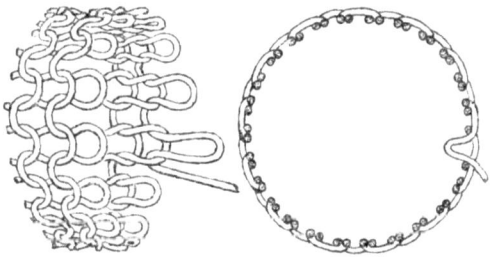

Fig. 22. Gestrickter Schlauch in Ansicht und Querschnitt.

diesem Rand auch das feste Gefüge des Flecht- und Weberandes mangelt.

Der Hin- und Herverlauf des maschenbildenden Fadens im Gestrick ermöglicht, wie beim Flechten und Weben, auch das Rundstricken, das Fig. 22 veranschaulicht, welche beim Vergleich mit den Fig. 7 und 10 die Unterschiede der Fadenverbindungen des Flechtens, Webens und Strickens in Ansicht und Querschnitt kenntlich macht. Der Längsschnitt des Gestrickes ist gegenüber den ersteren Fadenverbindungen, wo Längs- und Querschnitt des Stoffschlauches gleich sind, verschieden vom Querschnitt und in Fig. 20 ganz rechts gezeigt.

Nach den Fig. 18 und 19 erfolgt das Durchstecken der Schleifen stets von oben. Dies kann auch von unten erfolgen, was aber die Fadenverbindung nicht ändert. Tritt dagegen ein Wechsel im Verlauf dieses Maschendurchziehens ein, von oben oder unten, so ändert sich die Fadenverbindung sehr wesentlich. Dieses Wechseln kann zunächst in der Maschenreihe selbst erfolgen, wie Fig. 23 zeigt, und das ergibt ein Gestrick nach Fig. 24 links in loser, rechts in dichter Fadenlage und darunter im Querschnitt.

Fig. 23. Wendung oder Schränkung des Maschendurchzuges.

Durch das abwechselnde Maschendurchziehen werden die Längsrippen des Fadengefüges abwechselnd auf der Vorder- und Rückseite oder der rechten und linken Seite gebildet, und man bezeichnet den so hergestellten Strickstoff als Rechts- und Rechts-Gestrick, was eigentlich unzutreffend ist und Rechts- und Links-Gestrick heißen müßte, aber da die Wendung oder Schränkung des Maschendurchziehens im Querverlauf des Gestrickes er-

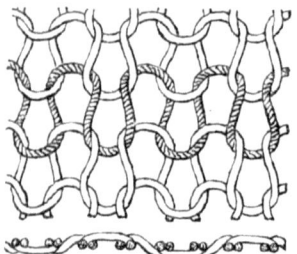

Fig. 24. Rechts- und Rechts- oder quergeschränktes Gestrick in loser und fester Bindung und im Querschnitt.

folgt, querverwendtes oder quergeschränktes Gestrick zu heißen hat, gegenüber dem einfachen oder glatten Gestrick.

Erfolgt der Wechsel des Maschendurchzuges nach jeder Maschenreihe, so ergibt dies das in Fig. 25 dargestellte Gestrick, das man ebenso unrichtig wie vorher als Links- und Links-Gestrick bezeichnet, das aber längsgeschränktes Gestrick, d. h. mit in der Länge geschränkten Maschen ist.

Fadenverbindungen mit gebogener Lage. 15

Für diese geschränkten Gestricke, welche die Fadenverbindung auf beiden Seiten gleich zeigen, ist ersichtlich, daß durch die Maschenwendung eine erhöhte Nachgiebigkeit des Stoffes, in der Quer- bezw. Längsrichtung die Folge ist. Die Wendung der Fadenschleifenseiten bei dem quergeschränkten Gestrick (Fig. 24) sucht durch die Steifheit des Fadens den Stoff seitlich

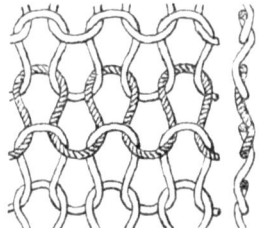 

Fig. 25. Links- und Links- oder längsgeschränktes Gestrick in loser und fester Bindung und im Längsschnitt.

zusammenzuziehen, so daß derselbe im nichtausgespannten Zustande nicht, wie nach Fig. 24 ausgezogen, die wechselnde Längs- und Querrippung zeigt, sondern nur auf beiden Seiten Längsrippen zu sehen sind, da das abwechselnd feste Gefüge der Schleifenbogen (abwechselnde Ober- und Unterlage der Fäden) dies unterstützt. In ähnlicher Weise ist dies bei dem längsgeschränkten Gestrick (Fig. 25) der Fall, wo die Schleifenseiten in ihrer Verbindung das feste Gefüge zeigen, so daß der Stoff seitlich nicht zusammenfährt, dagegen in der Länge nachgiebiger wird.

Wie Schleifenreihen werden auch Schlingenreihen mit Durchstecken untereinander verbunden, wie Fig. 26 zeigt,

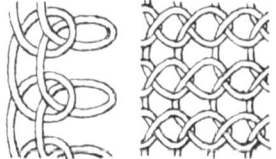

Fig. 26. Verbindung von Schlingenreihen, Schlingendurchstecken und Schlingengestrick.

und das darin rechts in seiner Fadenverbindung auseinander gezogen dargestellte Schlingengestrick, gegenüber dem Maschengestrick, wird durch die Kreuzlage der Schlingenseiten fester und härter als die offenere Maschenverbindung.

Bei der Fadenschlinge ist eine volle Kreisbiegung, wo die Enden der Schlinge ineinander kehren, also eine Rundschlinge von der Flachschlinge, wo sich die Fadenenden kreuzen, zu unterscheiden. Solche Flachschlingen, die Fig. 27 zeigt, werden dann seitlich ineinander geschoben, wie diese Figur bei *a* darstellt. Dieser Vorgang wird dann abwechselnd von beiden Seiten wiederholt (bei *b* und *c*) und die zueinander gerichteten Schlingenenden können nach ihrer Kreuzung zu einer Flachschlinge zusammengenommen werden, wie bei *c* punktiert angedeutet ist. Man erhält demnach bei gleicher Schlingung, also gleicher Lage der Schlingenden übereinander, die Verbindung einer doppelseitigen Schlingreihe eines Fadens (nach Fig. 17 bei *d*), die sich mit richtiger Kreuzung der Fadenlagen in Fig. 28 zeigt. Wenn die darin wagerecht ausstrahlenden Flachschlingen mit ihrem Bogen senkrecht gerichtet werden, wird eine Fadenschlingenreihe nach Fig. 29 erhalten. Bei solchen aneinander liegenden Reihen werden nun nach dem Vorbilde Fig. 27 die Schlingen seitlich oder kreuzweise durcheinander gesteckt, was Fig. 30 für mehrere nebeneinander laufende Fäden bei strichelweiser Hervorhebung eines Fadenverlaufes und Bindung des Randfadens veranschaulicht, und so die Schlingen gegenseitig gebunden, so daß als Fadenverbindung auch ein Gestrick erhalten wird. Das richtigere

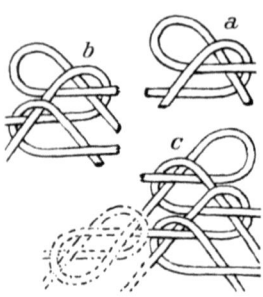

Fig. 27. Kreuzweises Durchstecken von Flachschlingen.

Fig. 28.
Doppelseitige Schlingenreihe eines Fadens.

Fig. 29. Verzogene doppelseitige Schlingenreihe.

Bild desselben mit dem seitlichen senkrecht erfolgenden Schlingmaschendurchzug zeigt Fig. 31 und den erhaltenen Strickstoff in Vorder- und Rückseite Fig. 32, die auch den Längs- und Querschnitt wiedergibt. Der längsgestrickte Stoff zeigt auf der einen Seite die Längsrippung, ähnlich den früheren Quer-

Fadenverbindungen mit gebogener Lage. 17

gestricken, auf der anderen Seite Zickzackfadenlage, und besitzt durch die Kreuzung der Fadenlagen ein festeres Gefüge als das glatte Gestrick mit verbundenen Schleifenreihen (Fig. 21). Da in diesem Gestrick die Fäden mit ihren Reihen von Schlingen oder geschränkten Maschen in der Länge der Maschen verlaufen

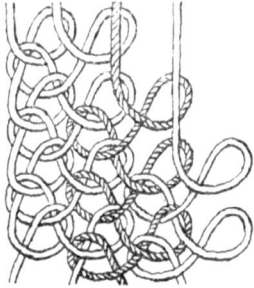

Fig 30. Verbindung von Doppelschlingenreihen untereinander und vorn mit einfacher Schlingenreihe (Randfaden).

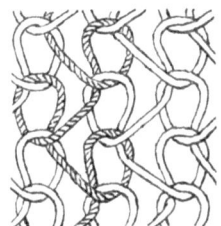

Fig. 31. Kettengestrick (richtige Fadenbindung nach Fig. 30) mit weiter Fadenlage.

und gewissermaßen nebeneinander laufende Fadenketten in ihren Gliedern verbunden werden, so spricht man von einem **Kettengestrick** oder **gestricktem Kettenstoff** oder **Kettenstrickware**. Nicht dadurch, daß mit Anlehnung an das Weben beim

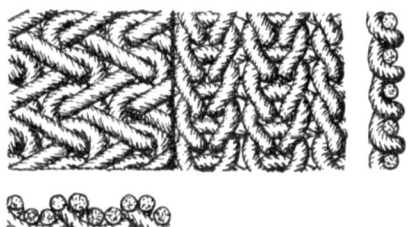

Fig. 32. Kettengestrick in dichter Fadenlage (Vorder- oder Rückenansicht und Quer- und Längsschnitt).

Schleifengestrick der Faden maschenbildend hin- und hergeht wie der Schußfaden, und hier eine Reihe längs des Stoffes laufender Fäden, die Kette, besteht, ist diese Bezeichnung gegeben, denn das Kettengestrick hat nur eine Art Fäden, sondern durch die Gliederbildung einer fortlaufenden Kette.

Rohn, Garnverarbeitung. 2

18   Die einfachen Fadenverbindungen.

Wenn die Kreuzung der Flachschlingenteile, d. h. die Übereinanderlage der Fäden an der Kreuzungsstelle gewechselt wird, wobei sich eine Schlingenkette nach Fig. 33 links ergibt, folgert bei Verbindung solcher Schlingketten das Kettengestrick rechts in dieser Figur, was wegen der Wendung oder Schränkung der Schlingmaschen geschränktes oder auch Rechts- und Rechts-Kettengestrick zu nennen ist. Auch die übrigen Reihen der Fig. 17 mit abwechselnden Schlingen und Schleifen mit entsprechender einfacher und doppelseitiger Lage derselben in der Fadenkette lassen sich in dieser Weise miteinander verstricken, was Fadenverbindungen ergibt, von denen Fig. 34 links ein Gestrick mit in Längsreihen laufenden abwechselnden Schlingen- und Schleifendurchzügen und rechts mit dieser in der Länge erfolgender Abwechselung zeigt. Die Strichelung eines Fadenlaufes der Reihe macht diesen wie auch bei vorangegangenen Figuren deutlicher.

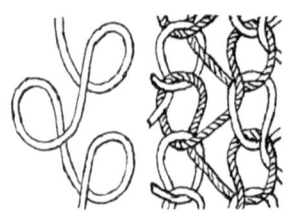

Fig. 33. Geschränktes Kettengestrick aus linksstehender Schlingenkette.

Die Verbindung von Schleifen und Schlingen kann auch, statt mit einem Durchstecken nacheinander, im Durchstecken gegen-

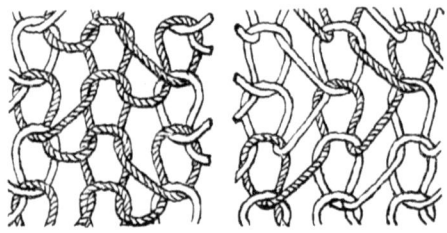

Fig. 34. Kettengestricke mit wechselnder Schlingen- und Schleifenbildung der Fäden.

einander erfolgen. Fig. 35 zeigt die möglichen (je 2) Arten der Verbindung von Schleife mit Schleife (*a* und *b*), von flacher Schlinge mit solcher (*c* und *d*) und Schleife mit flacher Schlinge (*e* und *f*), wobei die möglichen Fadenlagen übereinander im Gefüge berücksichtigt sind. Wenn die Enden der Schleifen und Schlingen wieder zu solchen verbunden, also gegenseitige Schleifen- und Schlingen-

Fadenverbindungen mit gebogener Lage. 19

Fadenketten nach Fig. 17 und 18 gebildet werden, so können solche gegenseitig wieder nach den Vorbildern Fig. 35 ineinander gesteckt oder gefügt werden, was dann Fadenverbindungen nach Fig. 36 ergibt.

Die in Fig. 35 in loser Lage gezeichneten Fadenverbindungen geben beim abstrebenden oder Auseinander-Ziehen der gebundenen Schleifen und Schlingen Knoten, und man erhält nach Fig. 37 mit Verbindung von ein- und doppelseitigen weit stehenden Schlingen- und Schleifenreihen einen durchbrochenen Stoff mit kreuzweise verlaufenden Fäden, deren Kreuzungen unverschiebbar verknotet sind, d. h. ein geknotetes Netz. Die Schlingen i und die Schleifen f geben bei der Knotenbildung die zusammengezogenen Verbindungen c und e der Fig. 35, die als doppelseitige oder Doppelknoten bezeichnet werden.

Eine Verbindung von Schleifen und Schlingen findet auch durch gegenseitiges Einhaken nach Fig. 38 statt und die Anwendung dieser Fadenverbindung bei doppelseitigen Schleifen-

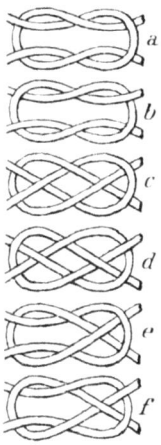

Fig. 35.
Gegenseitiges Durchstecken von Schleifen und Flachschlingen (Knotenverbindungen).

Fig. 36. Fadenverbindungen mit gegenseitigem Durchstecken von doppelseitigen Schleifen- (oben) und Schlingenketten (unten).

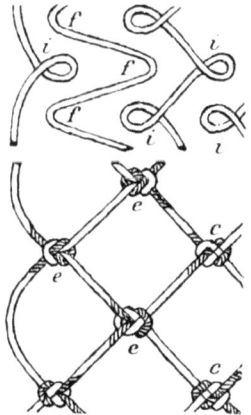

Fig. 37. Knotenverbindung (Netzen) von Schleifen- und Schlingenketten zur Herstellung eines geknoteten Netzes (unten).

2*

und Schlingreihen zur Netzbildung zeigt Fig. 39. Zur Randbildung des Stoffes ist dabei ein Stützfaden *s* nötig. Die erhaltenen durchbrochenen Stoffe finden als Schleier Anwendung und besitzen wegen des offenen Fadenzusammenhanges eine Verzugsmöglichkeit, also Formenanschluß nach jeder Richtung. Diese Schleifenreihenverbindung gibt mit dichter Fadenlage den in Fig. 40 gezeigten Stoff, der ein Fadengefüge ähnlich einem Geflecht zeigt, denn auch bei diesem findet die Umschlingung der Fäden einer Reihe untereinander durch gegenseitiges Einhaken statt, was in der Fadenreihe fortschreitet, während hier die Umschlingung nur je der Nachbarfäden besteht.

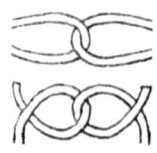

Fig. 38. Eingehakte Schleifen- und Schlingenverbindung.

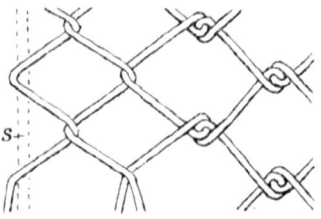

Fig. 39. Schleierstoff mit offener oder Schleifen- (links) und Schlingenverbindung (rechts).

Wenn eine Fadenschlinge mit Endenkreuzung nach Fig. 41 bei *a* nach dem Bilde *b* zusammengelegt wird und zur Herstellung eines richtigen Fadengefüges, also wechselnde Ober- und Unterlage des Fadens im Verlauf seiner Bindung, das eine unten liegende Ende nach oben durchgesteckt wird, bei *c*, so ergibt dies eine in ihrer Endenkreuzung haltbar gemachte Schlinge, die beim Festziehen der Enden den einfachen Knoten *f* ergibt, und kann durch diesen auch, wie bei *e* punktiert angedeutet ist, ein Fadenende durchgesteckt und durch den dann zusammengezogenen Knoten geklemmt werden.

Fig. 40. Dichter Flechtstoff mit nur nachbarlicher Fadenverschlingung.

Mit dieser Klemm-Knotenbildung wird ebenfalls nach Fig. 42 ein geknotetes Netz bei Verbindung einer Doppelschleifen-

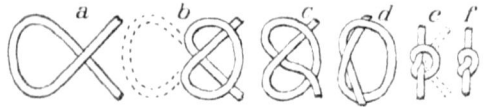

Fig. 41. Bildung des einfachen Knotens aus der Fadenschlinge.

Fadenverbindungen mit gebogener Lage.

reihe mit einer Schlingknotenreihe hergestellt und wenn dieser Schlingknoten am Ende eines Fadenstückes gebildet und ein anderes Fadenende damit geklemmt wird, so werden zwei Fadenstücke zum Fortlauf eines Fadenstückes miteinander verbunden, welche Verbindung aber durch die einfache Klemmung unsicher ist. Die Herstellung solcher durch einen umschlingenden Faden den zu fassenden Faden durch Klemmung festhaltenden Verbindungsknoten erfolgt auch durch die Verbindung einer Schlinge mit Durchstecken einer aus demselben Faden gebildeten Schleife oder Schlinge und zwar nach Fig. 43 oben wie beim Häkeln. Durch Schränken der Anfangsschlinge, wie in Fig. 43 unten gezeigt ist, wird dabei eine erhöhte Fadenklemmung erzielt. Diese

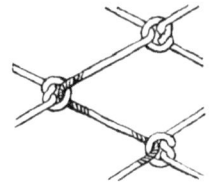

Fig. 42. Geknotetes Netz mit einfachen Schlingknoten.

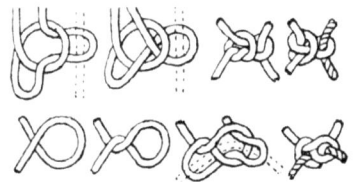

Fig. 43. Klemmknotenbildung durch Schleifen- und Schlingendurchstecken.

Fig. 44. Zusammengefaltete Schlinge mit Fadendurchzug (Kreuzknoten)

doppelte Fadenklemmung wird auch bei dem Durchstecken des zu klemmenden Fadens in die zusammengefaltete Schlinge nach Fig. 44 erzielt, den sogen. Kreuzknoten, und so gibt es noch andere Verfahren solcher Knotenbildungen. Beispielsweise ist der Doppelknoten aus zwei Fadenschleifen nach Fig. 35 bei a auch als eine Verbindung von zwei Fadenumschlingungen anzusehen. In Fig. 45 ist bei a diese gegenseitige Fadenumschlingung, die nach Flechtungsart voll erfolgt, dargestellt. Die kreuzweise stehenden Fadenenden der einen Seite werden nun nach b umgebogen und in gleicher Weise rückwärts zusammen verschlungen (bei c).

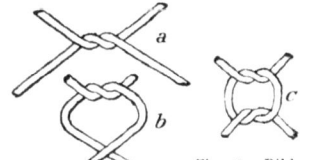

Fig. 45. Bildung des Doppelknotens aus zwei nacheinander gegenseitigen Fadenverschlingungen.

22   Die einfachen Fadenverbindungen.

Die flechtende Fadenumschlingung dient bei einer Reihe von weit gestellten Fäden zur Netzbildung, wie Fig. 46 zeigt, links mit ganzer Umschlingung, wobei dieselbe in der Fadenreihe quer fortwandert, wie der gestrichelte Faden zeigt, und rechts mit $1^1/_2$facher Umschlingung, wo, wie bei der einfachen Einhakung,

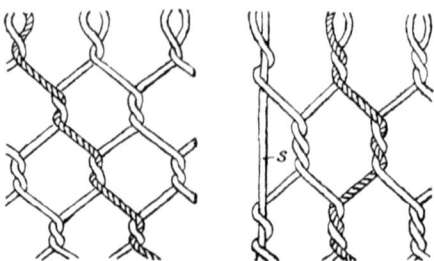

Fig. 46. Einmalige (links) und $1^1/_2$fache Fadenverschlingung zur Netzbildung.

also halben Verschlingung (Fig. 39 links), nur je die Nachbarfäden miteinander verbunden werden. Diese Fadenverbindungen, wobei der Rand des Stoffes eines Stützfadens s bedarf, sind aber, weil kein kreuzendes Fadengefüge an den Verbindungsstellen vorhanden ist, nicht haltbar und lösen sich bei Entspannung des

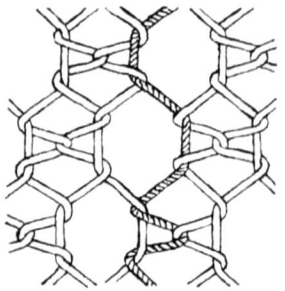

Fig. 47. Schleifenreihenverbindung mit vollkommenem Fadengefüge.

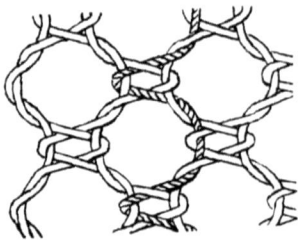

Fig. 48.
Flechtwerk von Schleifenreihen mit Umfassung von je drei Fäden als vollkommener Schleierstoff.

Stoffes auf. Wie nun solche durchbrochenen Stoffe in der Verbindung von Schleifenreihen haltbar erzielt werden, zeigen die Beispiele Fig. 47 bis 49, in denen wieder der Verlauf der Fäden durch die Strichelung eines Fadens kenntlich gemacht ist und wobei bei den Bindungen Fig. 47 u. 48 ein richtiges Fadengefüge besteht. Diese beiden Bindungen gelten auch als **Flechtwerke**, während die Bindung Fig. 49 einem Gestrick ähnelt. Die verschiedenen Fadenverbindungen greifen eben durch die Gleichheit des Mittels (Schleife und Schlinge) in ihrer Art ineinander, weil auch immer die Grundarbeiten: das Umschlingen, Abbiegen zur Schleifen- und Schlingenbildung und Ineinanderstecken angewandt sind, und demzufolge die Arbeiten des vielfach zusammenhängen und Flechtens, Webens und Strickens ineinander laufen.

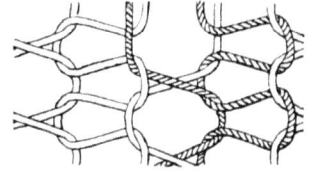

Fig. 49. Schleifenreihenverbindung wie Fig. 47, aber mit nachgiebigem Fadengefüge (Strickwerk).

III. Zusammengesetzte Fadenverbindungen.

Aus den bisher betrachteten Fadenverbindungen für die Herstellung von Stoffen geht hervor, daß bei diesen zwei Arten zu unterscheiden sind, nämlich einerseits, daß sie bei dichter Fadenlage einen hohlen oder ebenen Körper ergeben, der voll oder deckungs- und verhüllungsfähig ist, und andererseits durch weite nur in Abständen verbundene Fadenlagen ein hohles oder durch-

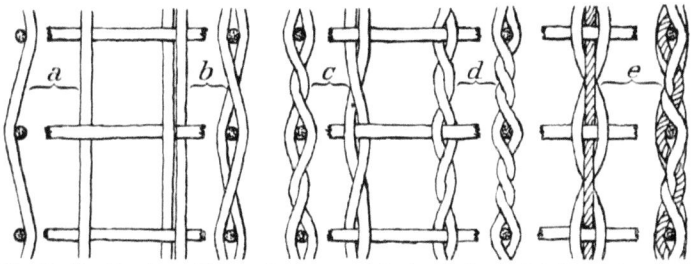

Fig. 50. Durchbrochenes Weben mit glatter und Drehverbindung (einfach und doppelt).

lässiges Gebilde erzeugt wird. Man unterscheidet daher durch Garnverarbeitung erzielte **volle oder glatte Stoffe**, allgemein zu bezeichnen als **Deckstoffe**, und **hohle oder Netzstoffe**, neben den fadenbindenden Gebilden der **Schnuren**. Die bisher erwähnten Netz-Fadenbindungen wurden aus einer Fadenreihe durch gegenseitige Verschlingung und Verknotung hergestellt,

24   Die einfachen Fadenverbindungen.

doch sind solche Netze durch zwei Fadenarten wie beim Weben, also durch Quereintragen von Fäden in eine Fadenreihe zu fertigen.

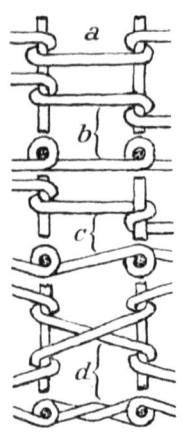

Fig. 51.
Verbindung weitstehender Fäden durch querlaufende Schlingfäden.

Das hierzu mit weit voneinander gestellten Ketten- und ebenso eingetragenen Schußfäden erfolgende Weben, wie Fig. 50 bei a in Draufsicht und Längsschnitt veranschaulicht, gibt einen durchlässigen Stoff, ein Netz, bei dem aber die Fadenbindung an den Kreuzungsstellen ungenügend ist und einer Fadenverschiebung keinen Widerstand leistet. Auch wenn, wie bei b gezeigt ist, jedesmal statt eines der weit gestellten Kettenfäden zwei derselben benutzt werden, ist trotz deren Abbiegung mit Zwischenklemmung des Schußfadens dieser nicht genügend gehalten. Deshalb wird nach c und d eine einfache und Doppel-Verschlingung der zwei Kettenfäden benutzt, wodurch die Fadenklemmung schärfer wird, was durch ein Zwischenlegen eines glatt verlaufenden Kettenfadens in die verschlungenen Fäden, wie bei e gezeigt, noch gesteigert wird.
Neben dem Vorgang des Webens, der Fachbildung und dem Schußeintragen, findet also eine Zusatzarbeit, das Kettenfadenverschlingen, statt, und man bezeichnet die erhaltenen Netzgewebe mit Rücksicht auf die gegenseitige Drehung der Kettfäden als Drehergewebe.

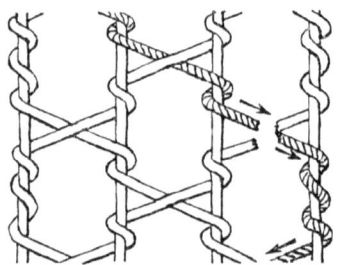

Fig. 52. Fadenverbindung durch kreuzweise Gegenumschlingung (Tüll).

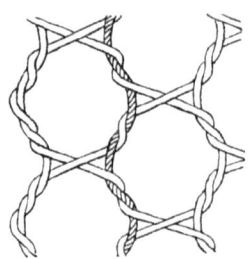

Fig. 53. Tüllstoff (Tüllgewebe) mit richtiger Fadenlage.

Wie hier eine klemmende Bindung der in Abständen folgenden Schußfäden besteht, lassen sich die weitstehenden Fäden einer Reihe durch querlaufende Fäden auch anderweit binden und

Zusammengesetzte Fadenverbindungen. 25

zwar durch fortschreitende Umschlingung, wie dies für zwei Fäden Fig. 51 veranschaulicht. Die Umschlingung kann dabei, wie bei *a* und *b* gezeigt, in gleicher Umdrehungsrichtung mit wechselnder Steigung der Schlingwindung (bei *a*) oder gleichbleibender Steigung (bei *b*) oder mit wechselnder Drehung oder Kreisung

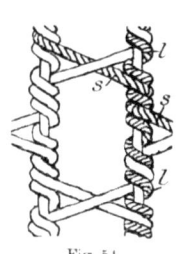

Fig. 54.
Tüllstoff mit Zwischenschlingung von Sonderfäden auf den Stützfäden.

Fig. 55. Tüllbindung zwischen zwei Stützfäden.

des Schlingfadens um den ruhenden oder Stützfaden (bei *c*) erfolgen. Diese einfache Umschlingung gibt aber wieder keine Sicherheit gegen die Verschiebung der Fadenbindung, und diese wird erzielt durch eine Gegenumschlingung eines zweiten Querfadens, wie bei *d* gezeigt, so daß zwischen den beiden Schlingfäden eine Kreuzung entsteht, die dann wieder zu einer Verschlingung ausgenutzt wird. Damit ein richtiges Fadengefüge, also wechselnde Ober- und Unterlage der Fäden in ihrem Verlaufe entsteht, werden die Umschlingungen der entgegenstrebenden Fäden in verschiedener Richtung ausgeführt und ergibt dies eine Fadenverbindung nach Fig. 52, d. i. die Bindung des Tüll, der mit Rücksicht auf das Vorhandensein einer im Stoff

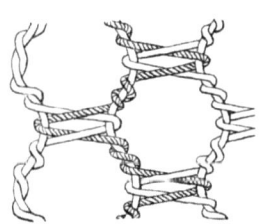

Fig. 56. Tüllstoff mit Bindung von drei Stützfäden mit Doppelkreuzung der Schlingfäden ähnlich Fig. 48.

längs laufenden Fadenreihe (Kette), die durch hin- und hergehende Schlingfäden (Eintrag oder Schuß) unverrückbar gebunden werden (wenn auch vielleicht technologisch nicht ganz zutreffend), als Tüllgewebe bezeichnet wird. Durch den seitlichen Zug der Schlingfäden bleiben im Stoff die Stützfäden, wie in Fig. 53 gestrichelt deutlich gemacht ist, nicht gerade und der Tüllstoff hat als Netzstoff das

26   Die einfachen Fadenverbindungen.

in dieser Figur gezeigte Aussehen, also nicht viereckige Löcher wie das geknotete Netz, sondern Durchbrechungen in sechseckiger Form.

Neben den quer durch den Stoff hin- und herlaufenden Schlingfäden s kann nach Fig. 54 für jeden Stützfaden noch ein Zwischenschlingfaden l zur Sicherung der Umschlingungen der

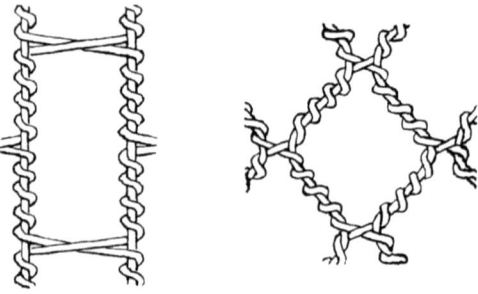

Fig. 57 u. 58. Tüllbindung mit mehrfacher Umschlingung der Stützfäden für viereckig gelochten Netzstoff mit losen und straff gezogenen Schlingfäden.

ersten Schlingfäden benutzt werden, und es brauchen die Schlingfäden nicht durch die ganze Stützfadenreihe hin und zurück zu wandern, sondern können nach Fig. 55 je nur zwischen zwei Nachbarstützfäden ihre Umschlingungen ausführen. Fig. 56 zeigt die dabei nötige Doppelumschlingung der Stützfäden — wegen

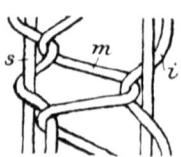 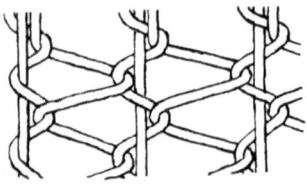

Fig. 59.
Verbindung von Stützfäden mit zwischenliegender Schleifenreihe.

Fig. 60.
Fadenbindung der Fenstervorhangstoffe.

der Fadenrückkehr — bei Umfassung von drei benachbarten Stützfäden mit einfacher Schleifenbindung bei der Fadenumkehr und doppelter Fadenkreuzung der gegeneinander strebenden Schlingfäden. Es gibt dies ein vollkommenes Fadengefüge, also einen haltbaren Netzstoff, und zeigen schon diese Beispiele, wie vielseitig die Tüllbindungen sind, wozu noch die Fig. 57 und 58

Vereinigungen einfacher Fadenverbindungen. 27

darstellen, wie durch mehrmalige Umschlingung der Stützfäden, ehe der Schlingfaden zum nächsten Stützfaden weiterschreitet (Fig. 57) und bei straffem gegenseitigen Anzug der Schlingfäden ein Tüllnetz mit Durchbrechungen viereckiger Form (Fig. 58) erzielt wird.

Die Fadenumschlingung zur Sicherung der Fadenverbindung (vergl. Fig. 54) wird auch nach Fig. 59 benutzt, um eine zwischen zwei Stützfäden liegende Fadenschleifenreihe mit diesen zu verbinden. Der um jeden Stützfaden s kreisende Schlingfaden i faßt in seinen Schlingen die dargebotenen Schleifen des Zwischenfadens m. Diese Fadenverbindung kann in einer Reihe Stützfäden wiederholt werden (Fig. 60) und gibt damit die Grundbindung der Fenstervorhang- und Schleierstoffe. Durch eine mehrfache Zwischenumschlingung des Stützfadens und des gefaßten Zwischenfadens wird nach Fig. 61 wieder ein Netzstoff mit viereckigen Durchbrechungen erzielt.

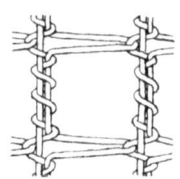

Fig. 61.
Mehrfachbindung von Zwischenschleifenfäden für Vierecknetzstoff.

IV. Vereinigungen einfacher Fadenverbindungen.

Die Grundarbeiten der Fadenverbindung: das Umschlingen, Zwirnen, das gegenseitige Umschlingen oder Verschlingen und Flechten, das Weben, Stricken und Knoten können vereinigt oder verbunden werden, um damit weitere grundlegende Faden-

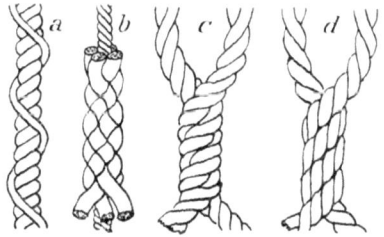

Fig. 62. Umwundene, umflochtene und verzwirnte Schnuren, letztere mit gleicher und verschiedener Zwirnung.

verbindungen zu geben. Bei der Schnurenherstellung wird beispielsweise nach Fig. 62 bei a eine Zwirnung umschlungen oder umwunden, wie bei b gezeigt, umflochten und nach c zwei Zwirne wieder zusammengezwirnt. Die letztere vereinigte Arbeit nennt man Verseilen oder Seilen und das Erzeugnis Doppelzwirn oder Seil. Dabei kann die Drehrichtung des doppelten Zwirnens gleich oder verschieden sein, was durch die Bilder *c* mit gleicher und *d* mit entgegengesetzter Zusammendrehung veranschaulicht wird. Es geht hieraus hervor, daß die letztere Arbeit, die verschiedene Vor- und Nachzwirnung, die richtigere ist, denn sie gibt einen besseren Fadenschluß im Seil und ein runderes oder glatteres Seil.

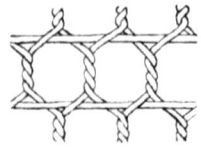

Fig. 63.
Verwebtes Netzgeflecht.

Nach Fig. 63 werden in ein geflochtenes Netz Querfäden eingetragen, also der Stoff wie beim Weben durchschossen, wodurch das Flechtwerk die Festigkeit der Durchbrechungen erhält, die dem einfachen Stoff nach Fig. 46 mangelt.

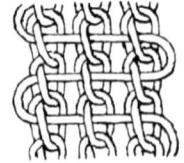

Fig. 64. Gewebe mit gehäkelter Kette.

In eine Reihe gehäkelter Schnüre, die wie Zwirn und geflochtene Schnüre selbst wieder verflochten, verhäkelt und verwebt werden können — meist aber in zwei aufeinanderfolgenden Arbeiten, nicht in einem Arbeitsgange — kann nach Fig. 64 ebenso während des Häkelns hin und hergehend ein Schußfaden eingetragen und damit ein Gewebe mit gehäkelter Kette erzielt werden. Zur Herstellung eines durchbrochenen Stoffes werden nach Fig. 65 Häkelschnüre in den

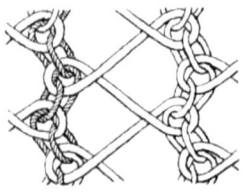

Fig. 65. Durch Kreuzschlingen verbundene Häkelkette.

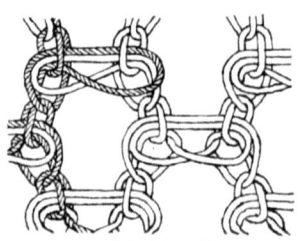

Fig. 66. Gehäkelter Netzstoff.

Maschen durch Fäden mit Kreuzschlingen verbunden und auch nach Fig. 66 Häkelschnüre durch seitliches Herausziehen von Fadenschleifen und Einfügen in die Häkelarbeit der Nachbarschnur verbunden.

Vereinigungen einfacher Fadenverbindungen.

Das Stricken in Verbindung mit dem Weben zeigen die Fig. 67 bis 69 und zwar die erste nur mit Einfügung von Kett-,

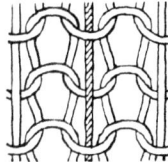

Fig. 67. Gestrick mit Längsstützfäden.

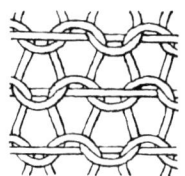

Fig. 68. Gestrick mit Quereintragfäden (Schuß).

Fig. 69. Gestrick mit eingefügtem Gewebe.

die zweite nur mit Schußfäden, während Fig. 69 die Zusammenfügung eines Gewebes mit einem Gestrick zeigt. Diese Zusammensetzung von zwei Grund-Fadenbindungen ergibt natürlich einen sehr haltbaren, die Eigenschaften der vereinigten Grundstoffe gleichzeitig besitzenden Stoff.

Die Verbindung des Knotens mit dem Weben zeigt Fig. 70, die ein Webnetz bei dem Ketten- und Schußfaden an den Kreuzungsstellen durch Einschieben von letzteren in die von ersteren gebildeten einfachen Knotenschlingen ergibt.

Fig. 70. Geknotetes Netz mit zwei zueinander senkrechten Fadenreihen.

Alle Fadenbindungsarten können im selben Stoff vereinigt werden, wie dies an einem Beispiel (Fig. 71) veranschaulicht.

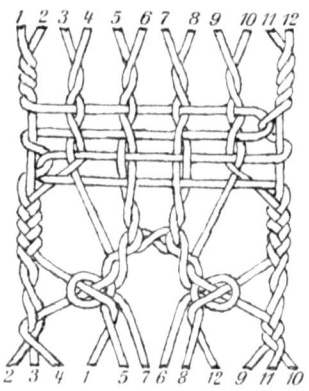

Fig. 71. Bild der Fadenverbindungen eines Spitzenstoffes (Spitze).

Eine Reihe von Fäden wird in Teilen verzwirnt und verschlungen, die Randfäden in die anderen Fäden mit gerader und verschlungener (Dreher-)Bindung eingetragen, die Fäden seitlich verflochten und in der Mitte mit Schleifendurchsteckung verbunden usw. Das Erzeugnis der Vereinigung solcher verschiedenartigster und wechselnder Fadenbindungen stellt in seiner möglichen Vielseitigkeit die sog. Flechtspitze dar, denn die benutzten Bindungen lassen sich auf das Flechten, d. i. den Durchgang eines Fadens zwischen zwei anderen zurückführen. Man hat wohl eine verarbeitete Fadenreihe vor sich, in welcher aber jeder Einzelfaden eine beliebig wechselnde Bindung mit jedem beliebigen Faden aus der Reihe eingeht. Die Spitzen stellen in ihrer Mannigfaltigkeit der angewendeten Fadenverbindungen die höchste Entwickelung derselben dar.

Überblickt man die gegebene Entwickelung der für die verschiedenen textilen Grundstoffe benutzten Fadenbindungen und damit deren Aufbau, so ergibt sich derselbe stets als ein Zusammenfügen von Faden-Schleifen und -Schlingen, durch Aneinanderlage und Einhängen derselben, also immer die Benutzung von stets gleichen Einheiten oder Urstücken. Das ist das Gleiche und Einigende für die Ausführung der jetzt vielfach als so auseinandergehend angesehenen Fadenbindungsarten. Die Erkenntnis und Würdigung dieses Umstandes bedingt eine neue Beurteilung der Fadengefüge der verschiedenen Textilstoffe.

Zweiter Teil.
Die Herstellung der einfachen Fadenverbindungen oder Grund-Bindungen.

I. Vorbemerkungen.

Bei der vorliegenden Betrachtung über die Herstellung oder Erzeugung der im vorhergehenden Teil erläuterten Grundbindungen von Fäden handelt es sich um die dazu benutzten Werkzeuge und die mit diesen vorgenommenen Bewegungen, wodurch textile Stoffe gewerbsmäßig, d. h. mit Hilfe von Maschinen zu erzielen sind, also um Arbeitsvorgänge in durch Kraft betriebenen Maschinen, die eine gleichzeitig vielfache Ausführung der Arbeit- also eine hohe Leistung zulassen. Es handelt sich also hier in einem dem Gewerbfleiß dienenden Werke nicht um die Einzelausführung der Fadenbindungen von Menschenhand, welche der weiblichen Handgeschicklichkeit und der Heimarbeit ein so großes Betätigungsfeld gibt. Ist der Arbeitsvorgang in der Maschine oft auch die Nachahmung der rein handlichen Ausführung, so unterliegen die Handwerkzeuge der letzteren und deren Handbewegungen doch für die Benutzung in der Maschine Abänderungen, wie andererseits eine Ausführung verschiedener Fadenverbindungen ohne besondere Arbeitsvorrichtungen oder maschinenartige Hilfsgeräte gar nicht möglich ist. Dies trifft für das Breitflechten, Weben und Kettenstricken, d. i. die **Mehrfadenverarbeitung** zu, so daß die **Einfadenverarbeitung**, das Häkeln und Querstricken, sowie Knoten für die freie Betätigung der Handarbeit besteht.

Wenn, wie bei jeder Arbeitsmaschine, durch Zusammenwirken von Werkzeug und dessen Bewegung die Arbeit geleistet wird, so wird auch bei den Garnverarbeitungsmaschinen dem zweiten der vorgenannten beiden Rechenglieder der Leistungszahl, also

32   Herstellung der einfachen Fadenverbindungen oder Grund-Bindungen.

der Bewegung besondere Bedeutung zukommen, denn die Geschwindigkeit der Arbeitsbewegung bestimmt die Maschinenleistung nach Menge, und mit Rücksicht auf die Formgiebigkeit oder Gefügigkeit des Garnes auch die Leistungsgüte. Es kommt dabei auch auf die Art der Bewegung d. h. die Bewegungsbahn an, und deshalb werden hier vorangehend die Bewegungen zur Schleifen- und Schlingenbildung betrachtet, da die Fadenverbindungen als Verbindungen unstarrer geschmeidiger Fäden, wie gezeigt, durchgängig Schleifen und Schlingen oder Fadenverschlingungen aufweisen.

In Fig. 72 sind die verschiedenen Arten der Bewegungen zur Fadenbiegung veranschaulicht, die sich als Anwendung der beiden Grundbewegungen, der kreisförmigen und geradlinigen, darstellen und zeigen, wie die erstere durch eine Zusammensetzung der letzteren zu ersetzen ist. Bei der Anwendung der Kreisbe-

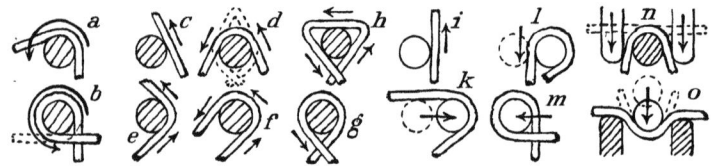

Fig. 72. Die verschiedenen Arten der Schleifen- und Schlingenbildung.

wegung ist zur Bildung einer Schleife nach dem Bilde *a* die Durchschreitung eines Halbkreises von dem Faden oder dessen Führungswerkzeug um die Schleifenstütze, d. i. den Stütz- oder Ruhfaden, oder das andere Werkzeug nötig, nach dem Bilde *b* zur Bildung einer Flach- oder Halbschlinge mit sich kreuzenden Fadenenden wenigstens ein Dreiviertelkreis, zu einer Vollschlinge mit aufeinanderliegenden Fadenenden, wie punktiert angedeutet, ein ganzer Kreis zu durchschreiten. Da in den Arbeitsvorgängen die Kreisbewegung nicht immer möglich ist, so wird sie durch eine Aufeinanderfolgen von geradlinigen Bewegungen ersetzt. Bei Schrägbewegung nach dem Bilde *c* mit einem Hin- und Rückführen des Fadens in abstehender Richtung, also dachförmig, wie Bild *d* zeigt, wird eine Schleife, und bei Doppelung in der Wiederholung dieser zwei Bewegungen eine punktiert gezeichnete Schlinge gebildet. Diese Flach- oder Kreuzschlinge wird durch ein Fortsetzen der Anfangsbewegung dann zu einer Rund- oder

Vollschlinge. Letztere erfordert also fünf gerade gegeneinander gerichtete Bewegungen, die Kreuzschlinge wird nach dem Bilde e auch schon mit drei schräg gegeneinander gerichteten, im Umkreisen der Schlingstütze nacheinander erfolgenden Bewegungen erzielt. Diese geraden Bewegungen, nach dem Bilde i stets senkrecht oder gegeneinander ausgeführt, würden für die Schleife drei, also aufwärts, seitlich und abwärts, für die Kreuzschlinge dazu als vierte Bewegung noch rückseitlich, und für die Vollschlinge noch eine fünfte gerade Bewegung oder Führung des Schleifen- bezw. Schlingfadens erfordern. Bei dieser absetzend geradsenkrechtabsetzenden Bewegung können diese vier Bewegungsabschnitte auch auf den Schlingfaden und die Schlingstütze verteilt werden. In den Bildern i bis m ist dargestellt, wie zur Schlingenbildung der Schlingfaden die senkrechte Auf- und Abbewegung und die Schlingstütze die seitliche Hin- und Herbewegung übernimmt. Die Schlingstütze ändert also beim Arbeiten ihre Stellung.

Erfolgte bisher eine freie Führung des Fadens, so lassen sich Fadenschleifen auch durch formende Hilfsmittel bilden. Nach dem Bilde n wird der über die Schleifenstütze gerade gelegte Faden durch Niedergehen von zwei die Fadenstütze zwischen sich einlassenden Drückern um die Stütze gepreßt und nach dem Bilde o die bewegliche Stütze zwischen feste Stege mit dem gerade unterlegten Faden eingezogen. Man hat folglich in Ansehung der gegebenen Möglichkeiten bei der Schleifenbildung zwischen einer freien Führung und einer zwingenden Formung zu unterscheiden.

II. Garnkörper und deren Träger (Spulen).

Es ist nach dem Vorangegangenen ersichtlich, daß bei der Schleifen- und Schlingenbildung das fadenführende Werkzeug Garn hergeben muß, daß also auf diesem ein Garnvorrat aufgespeichert zu sein hat, von welchem der verarbeitete Faden abgezogen wird. Dieser Verarbeitungsvorrat muß einen haltbaren, den regelrechten Fadenabzug gestattenden Garnkörper bilden, der durch seinen Aufbau in sich selbst haltbar ist, der aber trotzdem meist einer Stütze oder eines Trägers für seine bleibende Haltbarkeit bei der durch den Garnabzug stattfindenden Verkleinerung bedarf. Diese Garnträger bezeichnet man mit Spulen, welche Bezeichnung sich auf den ganzen mit der Spule beladenen Garnkörper überträgt. **Aufbau und Form der Garnspulen wird durch ihren Verwendungszweck bestimmt**, d. i. durch die Eigenart der verschiedenen Garnverarbeitungsvorgänge, und deshalb sind auch diese Spulen sehr verschieden. Eine Zusammenstellung der hauptsächlich vorkommenden Garnspulenarten gibt Fig. 73.

Die Spinnerei bildet zur Aufspeicherung des gesponnenen Garnes auch Spulen, deren Aufbau und Spulenform aber der Spinnmaschine angepaßt ist, so daß diese sich nicht immer mit den Forderungen der Garnverarbeitungsmaschinen decken. Die Windungsart der Spinnmaschinen-Garnkörper, der sog. Kötzer, und die Aufeinanderfolge der Windungsschichten gewährt nicht immer die erforderliche Gleichmäßigkeit des Fadenabzuges und die durch die Teilung der Spinnmaschine bedingte Spulengröße gestattet oft nicht das Aufstecken der Spinnspulen in der Garnverarbeitungsmaschine. Die gesponnenen Garnkörper sind deshalb umzuformen und auch in Gestaltgrößen zu bringen, welche die Beförderung zwischen der Spinnerei und der Verarbeitungsstelle erleichtern.

Die Spule nach dem Bilde a in Fig. 73 mit Traghülse l aus Papier und beiderseits kegelförmigen Rändern, wie sie auch die Spinnerei liefert, besteht aus aufeinander geschobenen kegelförmigen Windungsschichten, die durch den Hin- und Hergang des Fadens längs der Schicht bei Drehung des Garnkörpers, d. i. der Aufwindung, erzeugt werden. Für einen gleichmäßigen Fadenabzug müssen die Fadenlagen gleichartig sein, also in ihrem Hin- und Herlauf eine gleichbleibende Kreuzung aufweisen, welche auch als richtiges Fadengefüge für die Haltbarkeit des Garnkörpers nötig ist, aber in dieser Weise auf der Spinnmaschine nicht immer gewunden wird. Die in der Spinnerei ebenfalls erzeugte **Doppelrandspule** nach dem Bilde b mit zylindrischen übereinander liegenden Windungsschichten, in denen durch die Spulenränder r in ihrem Halt gesichert die Fadenwindungen dicht aneinander liegen können, gewährt einen nur langsam sich ändernden Fadenabzug. Während dieser aber bei der Spule a in der Längsrichtung im ruhenden Zustand derselben erfolgt, muß bei der Spule b der Faden quer dazu mit Drehung der Spule abgezogen werden. Der Abzug der Windungskegelschichten der Spule a ergibt ein fortwährendes Verändern der Fadenablösungsstelle und folglich bei gleichbleibender Fadenanzuggeschwindig-

Garnkörper und deren Träger (Spulen).

keit einen fortwährend wechselnden Loslösungswinkel des Fadens, bei dem Abzug der Spule b ändert sich dieser Ablösungswinkel und die Geschwindigkeit der Spulendrehung nur allmählich und gleichmäßig abnehmend, hier muß aber das Garn glätter sein, damit bei ihrer Aneinanderlage das Loslösen der Fadenwindungen leicht vor sich geht. Die Kreuzung der Fadenlagen gestattet das Loslösen auch bei rauherem Garn, wo sich bei Aneinanderlage vorstehende Faserenden verhaken können. Neben diesen Unterschieden ist noch auf den schon bemerkten Umstand

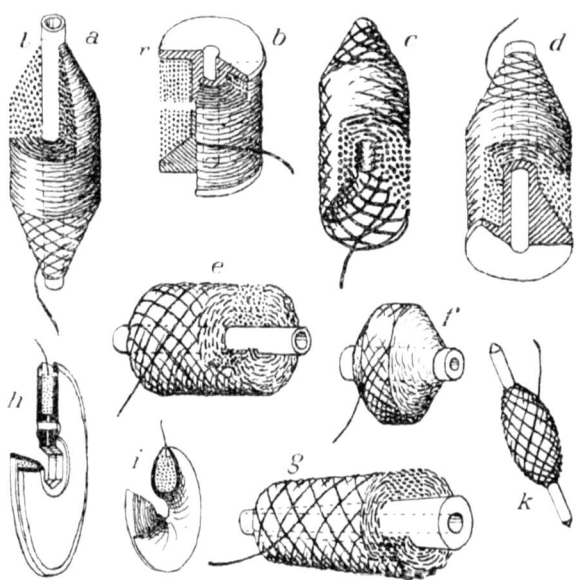

Fig. 73. Zusammenstellung der verschiedenen Garnspulen.

zu verweisen, daß bei der Kegelspule a diese zum Fadenabzug still stehen kann, bei der Spule b diese zum Fadenabrollen gedreht werden muß, was, wenn der Fadenzug diese Bewegung hervorzubringen hat, den Faden mit sich verringerndem Spulendurchmesser immer stärker beansprucht. Beim Abzug der Kegelspule a in der Spulenachsenrichtung wird dem Faden dagegen für das Loslösen jeder Umwindung eine Drehung erteilt, die sich als Zusatzdrehung zur Garndrehung äußert. Bei der Zylinderspule b tritt dieser Zusatzdraht nicht ein und können bei dieser

Spule die Randscheiben, wie an der unteren Seite des Bildes b gezeigt ist, auch nach dem Spulenschaft zu stärker werden, um der aus Holz gefertigten, aus dem Ganzen gedrehten Spule eine größere Haltbarkeit zu geben; die zylindrischen Windungsschichten werden dann von innen nach außen immer höher.

Bei richtigem Fadengefüge, also dauernd gleichmäßiger Kreuzung der Fadenlagen, erhält der Garnkörper eine Haltbarkeit, so daß derselbe auch ohne Traghülse ohne Störung abgebogen werden kann. Man nimmt daher die Hülse l nur für die Sicherung des Anfangskegels, so daß nur kurze, in den Kötzer reichende Röhrchen oder Hülsen l aus Papier, Blech oder Holz benutzt werden. Wenn der Anfangskegel im Garnkörper weggelassen wird, derselbe also eine haltgebende, gerade oder ganz stumpf-kegelförmige Endbegrenzung erhält, ist eine solche Hülse überhaupt entbehrlich. Einen derartigen Garnkörper zeigt das Bild c, und zeigt dieses einen **Hohlkötzer**, aus dem der Faden auch von innen heraus abgezogen werden kann. Man nennt diese hohlen Garnspulen **Schlauchkötzer**, und ist für den Innenabzug zu beachten, daß dabei der Faden für jede Windung beim Ablösen derselben eine entgegengesetzte Drehung erhält, das Garn beim Abzug in seinem Draht also vermindert wird.

Für **einseitige Kegelkötzer** werden auch Tragspulen nach dem Bild d mit unterem oder Bodenrand aus Holz, gepreßtem Papier oder Blech benutzt, wobei dieser Rand vielfach kegelförmig gemacht wird. Man erhält dann vom Anfang bis zum Ende lauter gleiche kegelförmige Windungsschichten, in denen die Fadenlagen ungekreuzt, dicht aneinander sich befinden können, um einen ruhigeren Fadenabzug in der Spulenachse zu erhalten. Wird bei dieser Windungsart auch der Anfangskegelraum vollgespult, so tritt gegen Ende des Fadenabzuges beim Leerwerden der Spule eine Änderung ein, der Faden zieht sich schwieriger ab, er reißt schließlich, und auf der Spule verbleibt ein verlorener Garnrest. Dies ist auch beim Abziehen des Doppelkegelkötzers a der Fall, wie bei allen Spulen, wo der durch feste oder dichte Umwickelung oder Verschlingung zum Haften gebrachte Fadenanfang sich nicht gut und rasch wieder löst.

Die Windung mit sich kreuzenden Fadenlagen, kurz **Kreuzwindung** in zylindrischen Schichten, kann für große Spulen durch die erzielte Haltbarkeit des Garnkörpers auch auf einer

Hülse stattfinden und nennt man die erzielte Spule (Bild e) Kreuzspule. Zur besseren Haltbarkeit der Seitenränder bei besonderem Fadengut werden nach dem Bild f diese auch kegelförmig gemacht durch Abnahme der Windungshöhe beim Wachsen der Spule, wodurch die mitunter erforderlichen scheibenförmigen Spulen von großem Durchmesser erzielt werden. Um bei diesen Kreuzspulen den Fadenabzug bei ruhender Spule in der Achsenrichtung zu ermöglichen, wird die Hülse oder der Spulendorn nach Bild g kegelförmig genommen und auf diesen die dadurch kegelförmig werdenden Schichten mit Kreuzwindung übereinander liegend erhalten. Es ist ersichtlich, daß diese Kegel-Kreuzspulen durch ihr festes Fadengefüge einen großen Garnkörper ergeben können, also eine große Garnmenge aufspeichern lassen.

Haben die bisher betrachteten Spulen bis auf die Spule f eine längliche Form, so erfordert die Garnverarbeitung auch schmale, scheibenförmige Spulen, wie bei h und i veranschaulicht

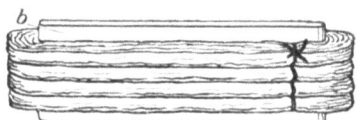

Fig. 74. Garngebind auf Deckel gewickelt.

ist. Die Spule h ist aus zwei vernieteten Blechscheiben hergestellt, welche zwischen sich das Garn fassen; die Spule i ist linsenförmig, aus Blech gepreßt und gedrückt und gestattet mit ihrem scharfen Rand einen sichereren Spaltendurchwurf.

Bei der Kreuzwindung mit dauernd zunehmender Windungshöhe entsteht eine knäuelförmige Spule nach dem Bilde k auf einem Dorn, der zum leichten Fadenabzug mit Einlegespitzen versehen ist, sich also leicht dreht.

Neben diesen meist zur Garnverarbeitung in Maschinen dienenden Spulen gibt es noch eine Zahl Garnkörper, welche mehr für die Versendung des Garnes, den Handel und Einzelverkauf in Betracht kommen. So wird nach Fig. 74 das Garn in über- und nebeneinander liegenden Windungen auf Brettchen oder Pappdeckel b gewickelt und dabei werden bestimmte Fadenlängen durch Querabbinden mit Garn getrennt gehalten. Man nennt dieses Abbinden auch Fitzen und die einzelnen Teile des Faden-

38 Herstellung der einfachen Fadenverbindungen oder Grund-Bindungen.

körpers Strähne oder Bünde, den Körper selbst Gebind. Zur Vermeidung des den losen Fadenlagen den Halt gebenden Deckels *b* werden die abgebundenen Garnsträhne als ausgestreckter Ring fest zusammengedreht, wie in Fig. 75 bei *a* gezeigt ist, um daraus einen haltbaren Körper mit dichten Fadenlagen zu bilden. Dieses verschlungene Gebind wird zu sicherer Haltbarkeit nach Zusammennehmen der Enden nochmals zusammengedreht und die Enden durcheinander gesteckt, wie bei *b* veranschaulicht ist. Der gewundene Garnsträhn gestattet eine leichte Beförderung des Garnes in genau abgeteilten und durch Zählung der Fadenlagen nachprüfbaren Mengen.

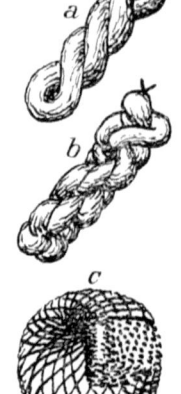

Als haltbarer Körper zur Abgabe im Handel und Einzelverkauf gilt auch der Garnknäuel nach dem Bild *c*, der durch stetig ihre Lage im Drehsinne des Körpers verändernde Schrägwickelung des Fadens gebildet wird und damit ebenfalls ein Kreuzfadengefüge darstellt. Zum Ersatz dieses Knäuels, welcher beim Fadenabzug zum Schluß leicht auseinanderfällt, wird Garn auch auf sternförmige Deckel in um die Sternspitzen springenden Kreisabschnittlinien gewickelt, wie bei *d* veranschaulicht ist. Der erhaltene, mit Fadenstern bezeichnete Garnkörper besitzt eine durch den Tragkörper abgetrennte Kreuzlage der Fadenwickelungen und läßt, wie bei der Spule, das mittlere Aufsteckloch für das Fadenabziehen frei.

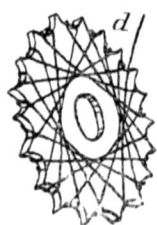

Fig. 75.
Einfach und doppelt verschlungenes Garngebind (*a* und *b*), Garnknäuel (*c*) und Fadenstern (*d*).

Handelsgarnkörper bilden auch noch Kreuzspulen auf Papierhülsen und Doppelrand-Holzspulen.

III. Die Herstellung der Garnkörper — das Spulen, Wickeln und Winden.

Die Arbeiten zur Herstellung der Spulen, welche Arbeiten man selbst wieder als Spulen bezeichnet, bestehen in einem Umwickeln der Spulenträger, und da auch diese, wie vorher bemerkt, als Spulen bezeichnet werden, hat man von Leerspulen und

Die Herstellung der Garnkörper.   39

Vollspulen zu sprechen; die Vollspule ist die mit Garn bewickelte Leerspule. Das Bewickeln der Leerspule erfolgt nun allgemein durch Drehung derselben, so daß der Garnfaden, dessen Anfang man auf der Leerspule durch Umschlingung, durch Einlegen in Kerben, leichtes Ankleben und Anknoten befestigt, von der umlaufenden Spule angezogen wird. Dabei wird der Faden in der Längsrichtung der Spule so geführt, daß er sich in den beim Hin- und Hergang des Fadenführers gebildeten Windungsschichten in der gewollten Weise legt. Der Spule wird die Aufwickeldrehung durch unmittelbaren Antrieb oder mittelbar durch Reibungsmitnahme erteilt und die Fadenführerbewegung wird durch verschiedene Mittel erzielt.

Die Bildung von Kegelspulen erfolgt einesteils mit Hilfe von den Windungskegel formenden Leitflächen, die ruhend oder

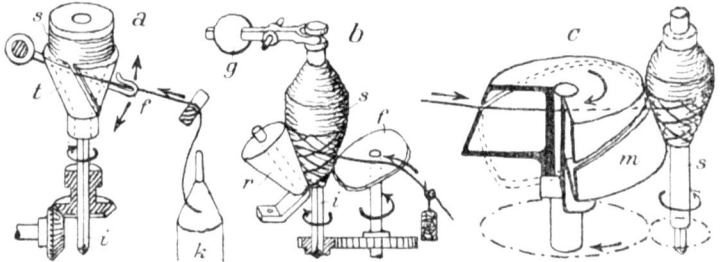

Fig. 76. Kegelspuler mit fester, beweglicher und bewegter Windungsbildungsfläche.

bewegt benutzt werden. Die bezüglichen drei Vorrichtungen zeigt Fig. 76 in ihren arbeitenden Teilen. Bei der mit fester Leitfläche (Bild a) gibt diese das Innere des Trichters t, der seitlich einen Schlitz für den Eintritt des von dem aus der Spinnerei kommenden Garnkötzer k abgezogenen Fadens besitzt, welcher, über eine Schiene geleitet, von der Öse des vor dem Schlitz auf- und abschwingenden Drahtes f geführt wird. Die vollzuwickelnde Spule s steckt auf der Spindel i, welche durch Kegelräder angetrieben wird. Der Fadenführer f hat eine der Kegelform entsprechende ungleichförmige Schwingungsgeschwindigkeit, denn er muß auf dem größeren Windungsdurchmesser länger verharren als auf dem kleineren Durchmesser, und seine Bewegung wird daher von einer unrunden Scheibe aus, einem sog. Herz, vermittelt. Da die Spule mit der zunehmenden Bewickelung sich aus dem Trichter hebt, ist zur Sicherung der Drehung die Spindel oder der Spuldorn i viereckig und in dem entsprechenden Loch des Mitnehmerrades verschiebbar.

Das Gleiten der Spule in dem festen Trichter bei der deshalb **Trichterspulmaschine** genannten Maschine kann sich durch das Abreiben der Windungen des Garnes schädlich auf dieses äußern, und wird deshalb, um die gleitende in die schonendere rollende Reibung zu wandeln, bei der Vorrichtung des Bildes b eine mitbewegte Leitfläche, ein frei drehbarer Rollkegel r, benutzt, gegen den sich die Spule s stützt. Zur Führung des Fadens dient die schräge Leitscheibe f, welche von dem Spuldorn i aus durch Zahnräder in einem bestimmten, die Kreuzung der Fadenwindungen bestimmenden Verhältnis gedreht wird und mit ihrem Umfang sich dauernd an die Kegelwindungsfläche anlegt, so daß der darüber gleitende Faden an diesem auf- und abspringenden Berührungspunkt an die Spule gelangt. Die Form der Scheibe f bedingt folglich die ganze Art des Spulens und ihre Auswechselung gestattet die Änderung der Lage der Fadenwindungen.

Zur Fadenführung wird die Leitfläche der Spule auch selbst benutzt, und zeigt das Bild i, wie der ausgehöhlte von dem **Spuldorn** bezw. der Spule s, wie vorher die Scheibe f, angetriebene Stützkegel m am Umfange einen in sich verlaufenden Schlitz in Auf- und Niederführung erhält, durch den der zu spulende Faden geleitet wird.

Man nennt diese Maschinen, da sie Spulen nach Art der gesponnenen Garnkötzer bilden, auch **Kötzerspulmaschinen** und es ist darauf zu verweisen, daß der durch sein Gewicht an die Kegelleitfläche (die bei der Anordnung c trotz Bewegung noch ein Rutschen der Fadenwindungen bedingt) sich legende Kötzer mit seiner Zunahme diesen Andruck auch zunehmend macht. Zur Aufhebung der Schädlichkeit dieses Druckes wird, wie bei b gezeigt, das Gewicht des Spuldornes mit Leerspule durch einen Hebel mit Gegengewicht y entlastet und, wenn das letztere von der wachsenden Spule aus nach außen verschoben wird, ein gleichbleibender Windungsandruck erzielt.

Diese Umstände fallen bei freier Fadenwicklung weg, wie aus der Spulvorrichtung Fig. 77 links hervorgeht. Vor der Spule s bewegt sich in gleichbleibendem Abstand der Fadenführer,

Die Herstellung der Garnkörper. 41

der in einer Spurrolle f besteht, die verschiebbar auf der Gewindespindel i steckt und auf dieser durch eine in die Gewindespur einschnappende Feder e gehalten wird. Die Rolle f hat einen Wulstrand, und, wenn dieser mit der gespulten Schicht an deren großem Durchmesser in Berührung kommt, wird die Rolle f etwas mitgenommen und schraubt sich entsprechend auf der Spindel i in die Höhe, um die erforderliche Fortrückung für die nächste Spulschicht einzunehmen. Diese dem Wachsen der Spulen entsprechende Fadenführerfortrückung wird bei den vorher beschriebenen Spulvorrichtungen durch das Heben der Spule an der dagegen ruhenden Leitfläche ersetzt.

Zu bemerken ist noch, daß beim Kegelspulen der Faden mit wechselnder Geschwindigkeit angezogen wird. Um diesem viel-

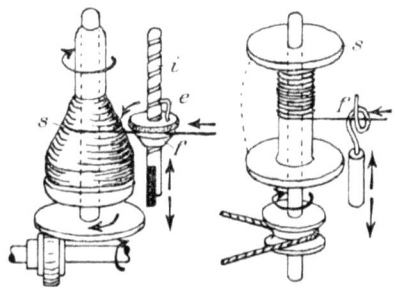

Fig. 77. Spuler mit unmittelbarem Spulenantrieb und freier Fadenführung.

leicht üblen Umstande zu begegnen, muß die Spule eine entsprechend wechselnde Drehungsgeschwindigkeit annehmen, die durch unrunde Zahnräder oder nach dem linken Bilde in Fig. 77 bei Reibungsscheibenantrieb durch Verschieben des Antriebmuffes gegen die Spuldornachse erzielt wird.

Fig. 77 zeigt rechts die der links gezeigten Kegelspulart entsprechende Einrichtung für Doppelrandspulen. Der Fadenführer macht für die zylindrische Schichtung der Spule s eine gleichmäßige Hin- und Herbewegung; mit anderer Bewegungsart läßt sich die Schichtung in der Spule ändern. Wenn sich z. B. der Fadenführer während seines Aushubes vom Spulenrand nach der Mitte zu mit zu- und wieder abnehmender Geschwindigkeit bewegt, so erhält die Spule eine bauchige, knäuelige oder kugelige Form, wie punktiert angedeutet ist.

Die verschiedenen Wicklungsarten der Kreuzspulen zeigt die Fig. 78 und wird hier zunächst auf den mittelbaren Antrieb der Spule, der bisher noch nicht betrachtet ist, verwiesen. Dieser besteht in der Umfangsmitnahme der Spule durch eine umlaufende Trommel t, an welche die Spule s leer und dauernd bei ihrer Bildung durch ihr Eigengewicht oder durch besondere Aufleggewichte an dem Spulendorn gedrückt wird. Durch die Reibung zwischen Trommelumfangsfläche und der wickelnden Garnschicht wird die Spule s mit dem Durchsteckdorn mitgenommen und dabei entsprechend der beabsichtigten Wicklung (Gleich- oder Kreuzlage) der Faden beim Einlauf zwischen Trommel und Spule geführt, nach der Vorrichtung im Bilde a durch den an einer hin und her bewegten Schiene befestigten Schlitzführer f, nach dem Bilde b gemäß der Einrichtung in Fig. 76 bei c durch einen im Umfang der hohlen Trommel t vorgesehenen Schlitz e für den Fadendurchgang. Diese Schlitztrommel gewährt eine nahe Führung des Fadens an der Wickelstelle, die kein Verlaufen zuläßt, doch verändert sich dabei der Kreuzungswinkel der Fadenlagen mit dem wachsenden Spulendurchmesser. Die Gleicherhaltung der Fadenkreuzung läßt sich bei der mittleren Spulen mitnahme nur durch einen besonderen Fadenführer erzielen, dessen Verschiebung mit wachsendem Spulendurchmesser im Verhältnis zur Fadengeschwindigkeit, also der Spulengeschwindigkeit zunehmend schneller erfolgt und zwar durch Änderung des Übersetzungsverhältnisses zwischen den Trommeldrehungen und der Drehung der Hubscheibe des Fadenführers.

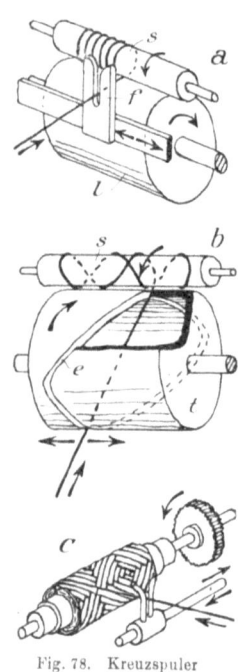

Fig. 78. Kreuzspuler mit Wickeltrommel und angetriebenem Spulendorn.

Wird die Spule unmittelbar angetrieben und bleibt das Verhältnis zur Hubscheibendrehung unveränderlich, so bleibt die Kreuzungsstelle der Fadenwindungen auf der Spule gleichliegend und man erhält nach dem Bilde c eine Spule mit sogen. Musterkreuzwicklung.

Zu beachten ist, daß bei der letzten Spuleinrichtung die Fadenanzuggeschwindigkeit mit dem Wachsen der Spule zunimmt und daß dabei schließlich die Richtigkeit der Fadenlagen gestört wird. Es können deshalb nur Spulen von kleinerem Durchmesser gewickelt werden, oder die Umlaufzahl der Spule muß abnehmend eingerichtet werden.

Schon bei dem als einfacher Arbeitsvorgang anzusehenden Spulen treten folglich ganz besondere Bewegungsverhältnisse auf, welche die Mittel zur Erzeugung der Bewegungen zusammengesetzter machen. Die Spulmaschinen selbst weisen eine Reihen- mitunter auch eine Kreisanordnung einer Zahl der betrachteten Vorrichtungen auf, wobei die Reihen der durch eine gemeinschaftliche Welle angetriebenen senkrecht oder wagrecht angeordneten Spuldorne und liegenden Wickeltrommeln auch doppelt neben- und übereinander gebaut vorkommen. Die Anzahl der einzelnen Spulvorrichtungen in einer Maschine wird durch die Spulengröße und diese wieder durch den Verwendungszweck und die Garnstärke bestimmt. Je feiner das Garn, desto kleiner die Spulen und desto mehr Spulen in einer Maschinenreihe. Die Leistung der Spulenmaschinen wird durch die Fadengeschwindigkeit bestimmt, welche in ihrer höchsten Zulässigkeit durch die Güte und Art des Garnes bestimmt wird und im Mittel 2 m sekundlich beträgt.

IV. Das Doppeln, Fachen, Scheren und Bäumen.

Wenn zwei Faden gleichmäßig laufen, spricht man von einem doppelten oder Doppelfaden. Solches Doppelgarn findet wie einfaches Garn Verarbeitung und es sind folglich auch Spulen von Doppelgarn zu wickeln. Bei diesen Spulen findet das Aneinanderlegen der beiden Fäden, das Doppeln statt, und dieser Ausdruck wird auch angewandt, wenn mehr als zwei Fäden zu einem neuen Verarbeitungsgarn zusammengeführt werden. Da man dann von einem mehrfachen Garn spricht, nennt man das Mehrfachspulen auch Fachen, und zeigt eine betreffende Arbeitsvorrichtung, entsprechend der Vorrichtung Fig. 78 bei a, für Kegelkreuzspulen, also mit kegelförmiger Leerspule s, Fig. 79.

Dieses gleichzeitige Spulen mehrerer Fäden nebeneinander kann nun auch ohne Zusammennehmen zu einem neuen Faden nur mit gleichen nebeneinander liegenden Fadenwindungen auf

44 Herstellung der einfachen Fadenverbindungen oder Grund-Bindungen.

einer Leerspule erfolgen, deren Vollspule beim Abwickeln dann eine Fadenreihe ergibt. Dieses Fadenfachen oder Wickeln einer Fadenreihe ist in Fig. 80 oben veranschaulicht. Die von den Garnkötzern oder, hier wegen des gleichmäßigeren Fadenabzuges vorteilhafter gewählten Doppelrandspulen s abgezogenen Fäden laufen über den Führungsrechen r an die auf der Trommel t liegende Randspule b, die bei den größeren Fadenreihen wegen der größeren Länge Baum genannt wird. Dieses Fachspulen wird Scheren oder auch Zetteln genannt und man spricht von Kettenscheren, weil bei den Fadenverbindungen mit Kette diese von einer Fadenreihe gebildet wird.

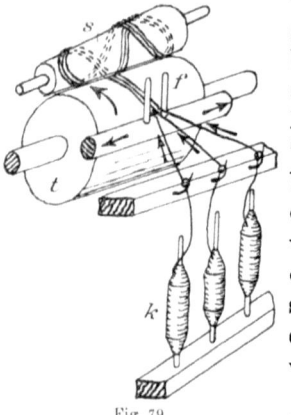
Fig. 79.
Doppelspulen oder Fadenfachen.

Mit den auf diese Weise erhaltenen Kettenbäumen kann wieder eine Doppelung vorgenommen werden, wie in Fig. 80 unten gezeigt ist, um Fadenreihen oder Ketten mit verdichteten Fadenlagen d. h. vermehrter Fadenzahl auf die Breiteneinheit, die sich beim einfachen Scheren noch nicht erzielen lassen, herzustellen.

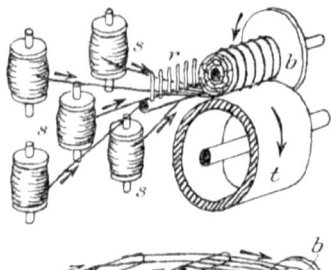

Diese Kettenbäume werden wie beim Spulen einesteils mit Wickeltrommeln (nach Fig. 80 oben) gebildet, wo der Baum auf der Trommel rollt und man den erhaltenen Kettenbaum auch Rollbaum nennt, oder auch mit unmittelbarem Antrieb des Baumes nach Fig. 80 unten als Wickelbaum, wo aber die Fadenanzugsgeschwindigkeit nicht gleich bleibt.

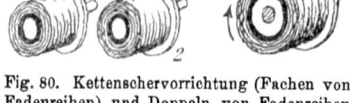
Fig. 80. Kettenschervorrichtung (Fachen von Fadenreihen) und Doppeln von Fadenreihen (Verdichten von Fadenketten) und Bäumen.

Um diesen Übelstand zu mildern, wird der Wickelbaum groß genommen, so daß für eine bestimmte Kettenlänge infolge des großen Wickelumfanges die Lage der Wickelschichten nicht zu stark

Das Winden, Weifen oder Haspeln und das Knäuelwickeln. 45

wird. Der leere Wickelbaum wird dann trommel- und haspelartig.

Das Kettenfachen nach Abb. 80 unten, wo zwei und mehrere geschehrte Bäume *1* und *2* zu einem Baum *b* gewandelt werden, bezeichnet man deshalb auch als Bäumen. Nach der Vereinigung der Einzelketten wird die dichte Kette vor der Aufwickelung für den Verarbeitungszweck zur Erhöhung der Fadenhaltbarkeit auch gestärkt oder geschlichtet oder mit Klebemitteln getränkt und dann getrocknet. Hierzu dienen die Ketten-Leim und Schlichtmaschinen.

Das Scheren kann nun in voller Breite der gewünschten Kette oder der herzustellenden Ware erfolgen, oder, weil bei größeren Breiten die Arbeit schwer übersichtlich wird, in Teilstücken dieser Breite. Man nennt dies Teilscheren, und die erhaltenen Fadenringstücke werden dann auf einen breiten Baum nebeneinander gewickelt oder vom kurzen Wickelbaum abgezogen und nebeneinander auf den breiten Kettenbaum aufgeschoben. Erforderlichenfalls werden auch mehrere schmale Bäume zu einem langen Baum zusammengesteckt.

V. Das Winden, Weifen oder Haspeln und das Knäuelwickeln.

Die Wandelung des von der Spinnmaschine in Kötzern gelieferten Garnes in Strähne oder Stränge ist nicht nur zum Handel für die prüfliche Teilung in Einheitslängen oder Gebinde, sondern auch für die ausrüstende Behandlung des Garnes zum Bleichen, Färben, Stärken, Glänzendmachen oder Plätten und Bedrucken nötig, da diese Arbeiten einesteils nur in der Strangform möglich, anderenteils in dieser als geeigneter zu empfehlen sind.

Zur Windung des Garnes in Strähne hat die Fadentrommel für den erstgenannten Zweck im Windeumfang die Maßeinheit oder ein

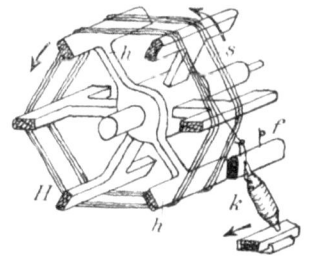

Fig. 81. Garn-Weifen oder Haspeln zur Strähnbildung.

Vielfaches derselben zu ergeben und zum leichteren Abziehen der gewundenen Garnsträhne muß der diese spannende Windungsumfang zu verkürzen sein. Deshalb wird zum Strähnwinden eine vieleckige Trommel gewählt, bei der, wie in Fig. 81 gezeigt ist, nur die Kanten die Fadenlagen halten, die im übrigen frei hängen. Dieses Windungsgestell H nennt man Weife oder Haspel und entsprechend auch die Arbeit des Strähnwindens Garn-Weifen oder Haspeln. Der vom Kötzer k abgezogene, an einer, gegebenenfalls für genaue Aneinanderlage der Windungen langsam seitlich fortrückenden, Leiste f geführte Faden bildet in einer bestimmten Zahl Windungen den Strähn s, und rückt dann der Kötzer mit der Fadenführung seitlich ein Stück weiter, um in dem entstehenden Abstand die die Abtrennung haltende Fadenverbindung, die eine Verschlingung oder Verknotung darstellt, vornehmen zu können. Man nennt dies Fitzen und gibt es auch zur Ausführung dieser Arbeit besondere Vorrichtungen, die, gemeinhin betrachtet, ein Quer-Abnähen der nebeneinander liegenden Gegensträhne ausführen.

Zum Abziehen der abgebundenen Gebinde sind eine oder zwei verbundene Leisten h des Haspels auf dessen Achse drehbar oder von ihren Speichen niederklappbar, worauf die straffen Windungen schlaff werden.

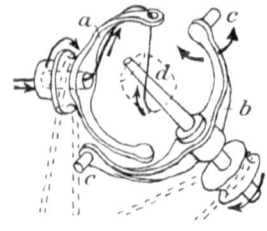

Fig. 82. Vorrichtung zum Garnknäuelwickeln.

Die Vorrichtung zum Wickeln von Garnknäueln zeigt Fig. 82. Der durch ein nachgiebiges Triebmittel in Umdrehung gebrachte Wickeldorn d steckt in dem Bügel b, der um die Zapfen c drehbar ist und von einer Formscheibe geführt wird. Innerhalb des Bügels b läuft der einen Flügel bildende Fadenschlinger a um, der den Faden durch seine Achsenhöhlung zugeleitet erhält und denselben um den Spuldorn schlingt, wobei dessen Drehung den Fadenanzug fördert. Durch die Bewegung des Bügels b ändert sich die Lage der Wicklungen auf dem Knäuel in der erforderlichen Weise, und die Art des Hin- und Herschwingens des Bügels bestimmt die gewünschte verschieden bauchige Form des Knäuels.

Sowohl die Weifen, als auch die Knäuelwickelmaschinen werden für das gleichzeitige Verarbeiten mehrerer Garnfäden gebaut. Die Fadenzahl der Weife wird durch die mögliche freitragende Länge des Haspels bestimmt. Bei der Knäuelwickelmaschine nennt man die einzelnen Arbeitsvorrichtungen Köpfe

Das Umspinnen. 47

und spricht man von einer mehrköpfigen Maschine. Der Schlinger der letzteren ist doppelseitig als Flügel nur der Gewichtsausgleichung wegen zum ruhigen Umlauf ausgebildet.

VI. Das Umspinnen.

Bei der Fadenverbindung des Umspinnens ist zu unterscheiden: der Grundfaden und der Schlingfaden, dessen Windungen den ersteren umhüllen. Zur Herstellung umkreist entweder der Schlingfaden den Grundfaden oder letzterer wickelt ersteren auf. Die Arbeitseinrichtung der ersten Art zeigt Fig. 83 und wird darnach der Grundfaden von der Spule g durch ein Rohrstück von der umschlungenen Rolle r abgezogen und dabei von den von der Spule s kommenden Faden umwunden, indem diese, gleich doppelt vorhanden, auf dem zum Teller t ausgebildeten in Drehung versetzten Rohrstück sitzen. Der Abzug des umsponnenen Garnes erfolgt durch ein- oder mehrfache Umschlingung der Rolle r, die dauernd bleibt und das rauhe Garn mitnimmt, welches dann von der Spule u aufgewickelt wird.

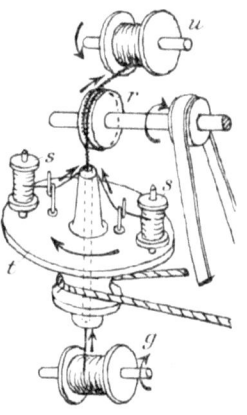

Fig. 83. Umschlingen des Grundfadens zur Herstellung umsponnenen Garnes.

Bei der zweiten Umspinnvorrichtung erhält der Grundfaden die erforderliche Drehung um sich selbst und zwar wie beim Spinnen von Garn durch einen umlaufenden Flügel, wie in Fig. 84 oder einen Spinnring nach Fig. 85. Beim Umspinnen wird nach Fig. 84 der von einer ruhenden Spule kommende Schlingfaden im Schlitze einer Anlegplatte f des zwischen der Führungsöse o und seinen Zuführzylindern c in ruhiger Drehung befindlichen Grundfadens, der auch als Doppelfaden genommen wird, geleitet. Das umsponnene Garn wird durch den Drehungsflügel l um die auf seiner Spindel s sitzende durch eine Gewichtsbremsschnur

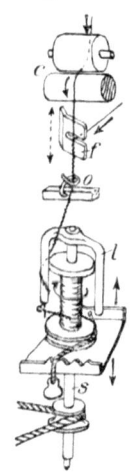

Fig. 84. Umspinnen mit eigenem Anzug des Schlingfadens durch den Grundfaden.

48 Herstellung der einfachen Fadenverbindungen oder Grund-Bindungen.

zurückgehaltene Spule u geschlungen. Die Bremsung wird mit wachsender Spule, wo deren Mitnahme durch das ziehende Garn immer schwerer wird, durch Umhängen des Gewichtchens verringert.

Grund- und Schlingfaden sind gewöhnlich von verschiedener Art und Stoffgüte, und wird das Umspinnen oft vorgenommen, um einem starken Garn mit wenig Aufwand das Aussehen besonderer Güte zu verleihen, wenn z. B. dieses Garn zur Weiterverarbeitung von Zier- und Schmuckstoffen Verwendung findet.

VII. Das Zwirnen.

Die Arbeit des Zwirnens als Zusammendrehen mehrerer gerader aneinander liegender Faden ist gleich dem Spinnen, wo die gleichgerichtet aneinander liegenden Fasern zusammenzudrehen sind. Die arbeitenden Werkzeuge der Zwirnmaschinen sind deshalb dieselben, wie die der Spinnmaschine, und auf jeder solchen Maschine kann demzufolge auch gezwirnt werden. Man hat deshalb beim Zwirnen auch einen ununterbrochenen und absetzenden Arbeitsgang, und beim ersteren wird für das Zusammendrehen sowohl der umlaufende Flügel für Doppelrandspulen, wie in Fig. 84 dargestellt ist, benutzt, wie auch nach Fig. 85 der auf einem Ringe r reitende Läufer l, der durch den gezwirnten Faden beim Umlauf der die Aufwickelspule angetriebenen Spindel s mitgenommen wird. Die von den Kötzern k durch die Zylinder c — durchgehender Unterzylinder mit für jede Spindel einzelner durch ihr Gewicht den Fadenandruck zur Mitnahme durch den angetriebenen Unterzylinder bringenden Oberzylinder oder Druckrollen — abgezogenen Einzelfäden werden durch eine Schlitzführung f zusammengenommen und schlingen sich beim Austritt aus den Zuführzylindern c durch die dem gedoppelten Faden erteilte Drehung um sich selbst umeinander.

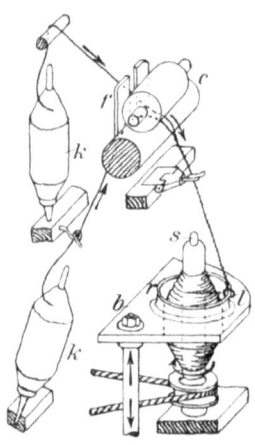

Fig. 85. Ringzwirner (ununterbrochenes Zwirnen).

Die zwei Stufen der Zwirnarbeit: das Zusammennehmen der Fäden und das Zusammendrehen können auch je für sich auf

Das Zwirnen. 49

besonderen Maschinen vorgenommen werden, nämlich der Fach-Spulmaschine, Fig. 79, und der Zwirnmaschine ohne Aufsteckung für die Garnkötzer. Dieser Maschine werden dann die großen, längere Zeit als die kleinen Kötzer ablaufenden Kreuzspulen mit dem gedoppelten Garn vorgelegt. Durch diese Arbeitsteilung, die zwei Maschinen mit besonderer Wartung erfordert, wird aber eine Erhöhung der Leistung erzielt, welche diese Mehrausgabe mehr als aufwiegt, denn einesteils kann das Fachen mit erhöhter Arbeits-, d. h. Fadengeschwindigkeit, vorgenommen werden, als das Zwirnen, und letzteres gestattet durch die beim Fachen überwachte Fadenvereinigung, welche Störungen beim Zusammendrehen mehr ausschließt, ebenfalls eine Geschwindigkeitserhöhung.

Fig. 86. Zwirnen durch Umlauf der einfachen Garnkörper mit beliebiger Fadenaufspulung.

Wie die Länge der Spinnmaschinen wird auch die der Zwirnmaschinen durch die eine Schädlichkeit der naturgemäßen Verdrehung der umlaufenden Wellen und Zylinder vermeidende Länge und die Begrenzung in der noch möglichen richtigen Arbeitsüberwachung bestimmt. Die dies ausnutzenden, ziemlich gleich langen Zwirnmaschinen, die einseitig oder doppelseitig, d. h. mit Spindelreihen auf jeder Längsseite ausgeführt werden, haben eine von dem Abstand der Spindeln voneinander, der Spindelteilung oder kurz Teilung, abhängige Spindelzahl, welche durch die Größe der hergestellten Zwirnspulen, die wieder von der Stärke des gezwirnten Garnes abhängig ist, bestimmt wird. Bei stärkeren Garnen wird zur Drahterteilung der Flügel benutzt, und solche Flügelzwirner — im Gegensatz zu den Ringzwirnern — gebraucht man für ganz starke Garne auch nach Art der Vorspinn-Spulenbänder, also mit angetriebenem Drehungsflügel und angetriebener Spule.

Wie beim ununterbrochenen Spinnen der Arbeitsvorgang — Drehungserteilung von der den Faden aufwindenden Spindel aus — auch umgekehrt ausgeführt wird, also der Vorgarnkörper den Draht gibt, kann dies auch beim Zwirnen erfolgen. Nach Fig. 86 stecken die einfachen Garnkötzer k auf einem in ständigen Umlauf versetzten Gestell t, in dessen Drehachsenrichtung die

50 Herstellung der einfachen Fadenverbindungen oder Grund-Bindungen.

sich an der Öse o zusammenschlingenden Fäden durch die Zylinder c abgezogen werden. Das gezwirnte Garn, der Zwirn, kann beliebig aufgespult oder auch gleich zu Strähnen gewunden werden, wie Fig. 86 die Wickeltrommel w und den Haspel h (punktiert) zeigt. Diese Zwirneinrichtung kommt wegen der beschränkten Umlaufzahl des Drehgestelles nur für loser gezwirntes Garn in Betracht.

Beim absetzenden Zwirnen wird die umgekehrte Anordnung des Absetzspinners benutzt. Nach Fig. 87 ist die Spindel s im festen Maschinengestell gelagert, und gegen diese schrägstehende Spindel wird wagerecht ein die einfachen Garnkötzer k tragender Wagen w hin- und herbewegt. Bei der Abfahrt desselben von der Spindel werden die Fäden gedoppelt abgezogen

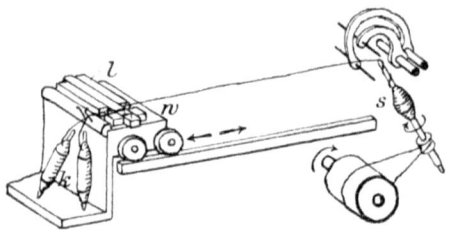

Fig. 87. Absetzendes Zwirnen mit fester Spindel und Kötzerwagen.

und dann durch Verschiebung der mittleren von drei den Fadendurchzug in Querschlitzen gestattenden Leisten l geklemmt, worauf das Zusammendrehen der zwischen Spindelspitzen und Klemmstelle ausgespannten Fadenstücke stattfindet. Bei der dann erfolgenden Rückfahrt des Wagens w wird das gezwirnte Fadenstück auf die Spindel zu einem Kötzer gewunden, auf die, in dem im Vorwort angeführten Spinnereibuch beim Absetzspinnen beschriebene Weise. Dieses Absetzzwirnen gestattet die Unterbringung einer großen Spindelzahl in einer Maschine, und kann damit die Leistungsschmälerung durch den absetzenden Arbeitsgang wettgemacht werden.

Es kann natürlich auch auf jedem Absetzspinner mit Spindelwagen gezwirnt werden, und kommen dann gewöhnlich gefachte Spulen zur Vorlage.

VIII. Das Seilen.

Das Seilen ist ein nacheinander erfolgendes, mehrmaliges, gewöhnlich zweimaliges Zwirnen, das getrennt vorgenommen werden kann, indem der zweiten Zwirnmaschine die auf der ersten erhaltenen Zwirnspulen vorgesteckt werden, aber auch in einem Arbeitsvorgange auf einer Doppelzwirn- oder sogen. Seilmaschine. Auch hier gibt es zwei Maschinenarten, in denen aber beidemale zum Vorzwirnen die Verrichtung nach Fig. 86 mit umlaufenden einfachen Garnkörpern benutzt wird.

Bei der ersten in Fig. 88 dargestellten Maschinenart lagert in einem festen Gestell eine, der Anzahl der zu zwirnenden Zwirnfäden entsprechende, im Kreis angeordnete Zahl vorn mit Röhrenansatz zum Fadendurchgang versehener, in Umlauf gesetzter Drehungsflügel f, auf deren Spindeln s gebremst eine der Anzahl vorzuzwirnender Fäden entsprechende Zahl Spulen k

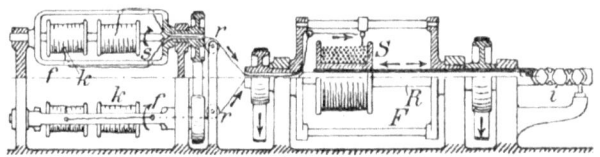

Fig. 88. Seilmaschine mit getrenntem Vor- und Nachzwirnen.

stecken. Die von diesen Spulen abgezogenen Fäden werden durch Löcher im Flügelrahmen durch den Rohransatz geführt und drehen sich vor demselben an der festen Ableitrolle r zusammen. Die verschiedenen Zwirnfäden werden zusammengenommen in den Rohransatz des großen Nachzwirnflügels F geführt, darin zusammengedreht und das fertige Seil oder die geseilte Schnur auf die Spule S gewickelt, welche auf dem, durch eine in sich zurückkehrende Gewindespur mit dem festen Finger i hin- und hergeführten Rohre R steckt, das einen für die Aufwicklung nötigen Vor- oder Nachlauf gegen die Umdrehungen des Flügels F erhält.

Bei der zweiten Maschineneinrichtung nach Fig. 89 werden die Flügel f für das Vorzwirnen in einem vorn mit einem Laufkranz auf Rollen e frei gelagerten Gestell D untergebracht, das für sich, bei gleichzeitiger Drehung der Flügel f durch die Antriebscheibe z, von der Scheibe 1 angetrieben das Nachzwirnen

52 Herstellung der einfachen Fadenverbindungen oder Grund-Bindungen.

besorgt und zwar an dem festen Seilablauftrichter t. Der Seilabzug wird durch die angetriebene Rolle O bewirkt, welche vom

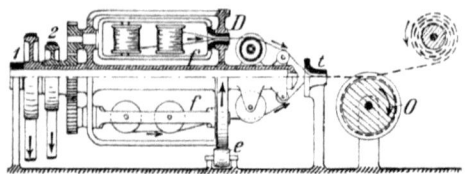

Fig. 89. Seilmaschine, Seiler oder Vorseiler, mit vereinigter Vor- und Nachzwirnung.

Seil zu dessen Mitnehmen umschlungen wird. Die Aufspeicherung des Seiles kann dann durch eine Spul- oder Knäuelwickelvorrichtung erfolgen.

IX. Das Flechten.

Nach der Darstellung der Fadenverbindung kennzeichnet sich das Flechten als eine abwechselnde Rechts- und Linksumschlingung der Fäden einer Fadenreihe durch einen Faden dieser Reihe,

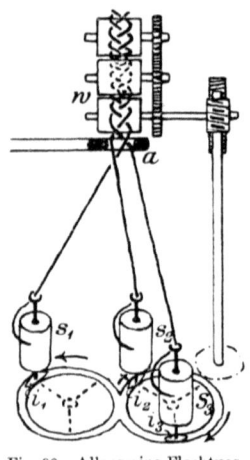

Fig. 90. Allgemeine Flechtvorrichtung (Flechter mit 3 Fäden).

wobei jeder Faden derselben selbst wieder diese abwechselnde Umschlingung ausführt. Beim einfachsten Flechten, dem Verflechten von drei Fäden, geht jeder Faden immer zwischen den anderen beiden hindurch, und zeigt Fig. 90 in einfacher Liniendarstellung die Vorrichtung für diesen dauernd wechselseitigen Fadendurchgang. Die bewegten Vorratfadenkörper, die Spulen s_1 bis s_3, stecken auf den Masten von Schiffchen i_1 bis i_3, welche in der Spur einer „8" einen in sich zurückkehrenden Lauf im abwechselnd rechten und linken Drehungssinn zu den Mittelpunkten der in der „8" verbundenen Kreise annehmen.

Die die Flechtmaschine kennzeichnende Vorrichtung zur Leitung der Fadenschiffchen veranschaulicht Fig. 91. Die Führungsspur gibt eine entsprechend geschlitzte Platte p, deren ausgeschnittene Kreisstücke o von den Bolzen b gehalten werden, welche in der Unterplatte u stecken, die mit gleichen Stützen den Außenkranz p der Führungsplatte trägt. Das Schiffchen i hat ober- und unterhalb der Oberplatte p je eine Gleitscheibe, welche das Schiffchen in der Schlitzbahn erhalten, und unterhalb den Mitnehmerstift m. Dieser wird von Kerben der gegeneinander gerichteten Kegelteller t erfaßt, welche auf den Bolzen b lose drehbar sind und untereinander durch die damit verbundenen Zahnräder z in abhängiger Drehung so stehen, daß die abge-

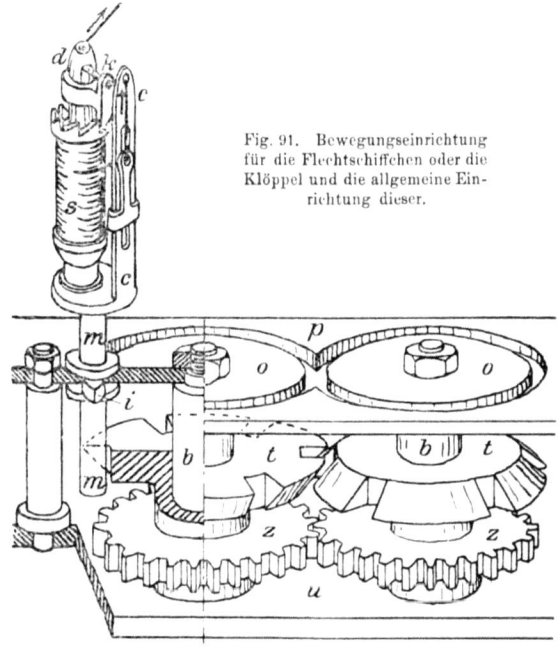

Fig. 91. Bewegungseinrichtung für die Flechtschiffchen oder die Klöppel und die allgemeine Einrichtung dieser.

schrägten Kerben zusammentreffen. Da das Schiffchen seine Laufrichtung nicht brechen kann, geht es in der Schwunglinie der „8" aus einem Kreis in den andern über und dabei übergibt an der Eingriffstelle der Zahnräder z der eine Mitnehmteller t den Stift m an den anderen gleichen Teller, und der Schiffchengang ist ununterbrochen gesichert.

Die Bezeichnung **Schiffchen** als bewegter **Garnvorrat**- oder **Spulenträger** ist mit Bezug auf die weiteren Garnverarbeitungsmaschinen, die solche Schiffchen zur Ausführung von

Fadenumschlingungen besitzen, gewählt, um auch damit den Zusammenhang dieser Maschinenarten untereinander zu kennzeichnen. Sonst nennt man mit Bezug auf das Handflechten, wo die an den Faden hängenden Fadenvorräte in griffartigen Hülsen untergebracht sind, auch in den Flechtmaschinen die Spulenträger Klöppel. Diese können Spulen verschiedener Art (zylindrisch oder in Kegelschichten gewunden, auf senkrechten oder wagerechten Dornen steckend) erhalten. Zur Verdeutlichung der Schiffchen oder Klöppel ist in Fig. 91 die erstere Anordnung gewählt. Das Schiffchen i trägt an seinem Mast eine Plattform, auf welcher einesteils der hohle Spulendorn d, andernteils eine Führung c für die bei der zylindrischen Spule s verschiebbare Nase zum geraden Abzug des Fadens trägt, von der aus dieser durch ein Auge oben an der Führung c nach der und durch die Spitze des Dornes d geleitet wird, um von dort aus nach der Flechtstelle zu gehen.

Das richtige Fügen der Fadenlagen verlangt einen Anzug des durch die anderen Faden hindurchgeführten Fadens und dazu muß die Klöppelspule festgehalten werden, welche Sicherung auch sonst bei dem Schiffchenlauf nötig wird. Hierzu besitzt die Spule s am oberen Rand eine Klauenkrone, in welche die auf dem Dorn d verschiebbaren, gegen Verdrehung gesicherte Nase oder Klinke k einfällt, welche im Fadenlauf zwischen der Führung c und der Dornspitze hängt und für gewöhnlich die Drehung der Spule s, also den Fadenabzug, hindert. Nur bei wachsender Fadenspannung wird die Klinke k ausgehoben und gibt vorübergehend den Fadenabzug frei.

Die Bindung der Flechtfäden findet nach Fig. 90 an einer festen Schiene d mit Führung, der sog. Scholle, für das Geflecht statt, welches dem in Schlangenwindung durch die übereinanderliegenden Abzugswalzen w (die von den Schiffchenleiträdern aus, wie ersichtlich, angetrieben werden) in dem Maße abgezogen wird, als das Geflecht dichter oder loser werden soll.

Entsprechend der zunehmenden Fadenzahl des einfachen Geflechtes müssen die aneinander sich reihenden Kreisbahnen der Schiffchen vermehrt werden. So zeigt Fig. 92 die Einrichtung für ein fünffädiges Geflecht und ist daraus ersichtlich, daß die Endkreise, wo die Schiffchen zur Randbildung des Geflechtes umkehren, größer als die dazwischen liegenden Kreisführungen sind. Die Innenmitnehmer sind dazu zwei-, die Außenmitnehmer dreiteilig, weil die Wendung der Fäden am Geflechtrand mehr Zeit erfordert, als die des sonstigen Fadendurchschlupfes, um so die Gleichmäßigkeit der Flechtbindung zu sichern. In Fig. 92 sind die Kreisführungen für die Schiffchen in einer geraden Linie angeordnet; bei größerer Flechtfadenzahl würde dies einen zu großen Breitenausbau der Flechtmaschine ergeben, und werden dann die Flechtbahnen nach Fig. 93 im Kreisbogen, wie rechtsseitig gezeigt, und zu dessen Verkleinerung in diesem wieder im Zick-Zack angeordnet, wie linksseitig dargestellt ist. Für

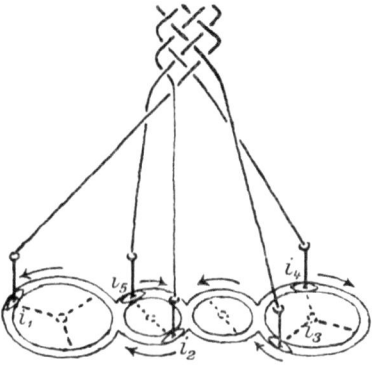

Fig. 92. Mehrfadenflechtvorrichtung mit gerader Bahnenanordnung.

die Herstellung von Rundgeflechten wird der Kreis der aneinander gerichteten Schiffchenbahnen geschlossen und zum Umflechten dann das Grundseil durch die Mitte der Schiffchenkreisung bei m nach oben in das Flechtwerk hineingeführt.

Die Flechtmaschinen nennt man auch Riemengänge (nach der alten Bezeichnung der geflochtenen Streifen als Riemen) und die Flechtarbeit Riemendreherei. Die Flechtmaschinen werden in den einzelnen Schiffchengängen bis zu 120 und mehr Kreisbahnen bezw. Spulen mit Führungstisch bis 5 m Durchmesser

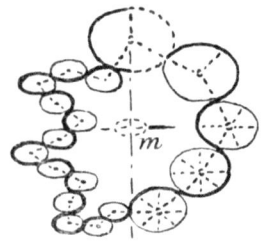

Fig. 93. Bogen- und Vollkreisanordnung der Flechtbahnen.

ausgeführt und mehrere dieser Gänge oder Flechtköpfe in einer Maschine reihenweise oder in Kreisanordnung als mehrere Arbeitsköpfe im Flechtstuhl vereinigt.

X. Das Weben (der Webstuhl).

Beim Weben findet sich das gemeinschaftliche und gleichmäßige Bewegen einer Reihe von Fäden als kennzeichnendes Merkmal des Arbeitsvorganges. Wie aus Fig. 9 hervorgeht, wird von der ganzen Fadenreihe, der Kette, je die Hälfte Fäden ab-

56   Herstellung der einfachen Fadenverbindungen oder Grund-Bindungen.

wechselnd nach unten und oben ausgehoben, um das Fach für das Einlegen des Schusses zu bilden. Wenn die Führung der Kettfäden dabei durch Ösen stattfindet, so müssen diese Ösen in den Zwischenräumen der Kettfäden durchgehen, und man kann zur Fachbildung auch Kämme verwenden, deren Zinken in diese Fädenzwischenräume stechen und an der Spitze die Füh-

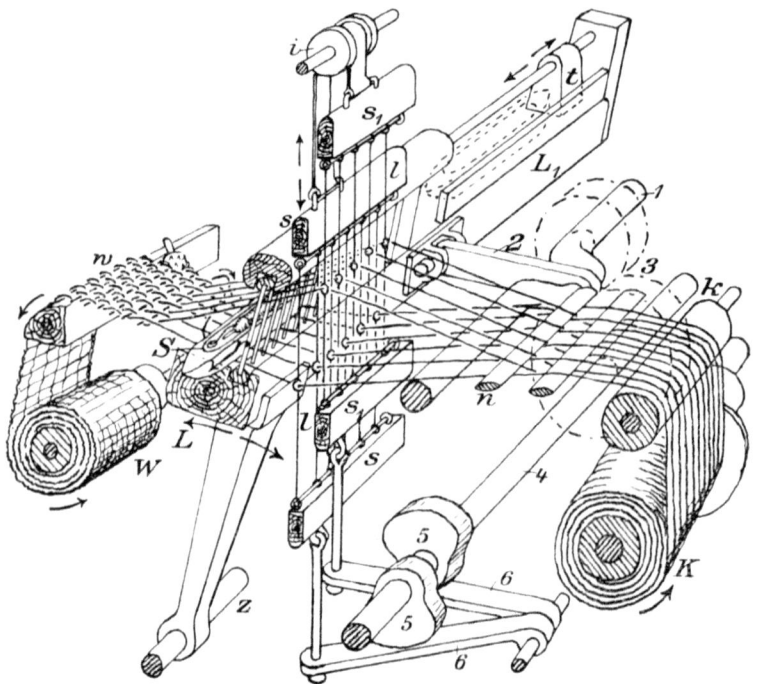

Fig. 94. Arbeitende Teile des mechanischen Webstuhles.

rungsösen oder ein Öhr besitzen. Diese Vorrichtung zur Webfachbildung, wie sie auch in der später beschriebenen Fig. 123 veranschaulicht ist, findet aber für das gewöhnliche einfache Weben keine Anwendung, zur Kettfädenführung werden vielmehr in einen Rahmen gespannte Drähte oder Fäden benutzt, die in ihrer Mitte die Öse oder das Fadenauge besitzen und zwischen den Fäden der ausgespannten Webkette hindurchgehen.

Das Weben (der Webstuhl).

Man nennt diese Ösenrahmen **Schäfte** oder **Webschäfte** und die Ösendrähte oder Fäden **Litzen** oder **Weblitzen**.

Die Maschine zur Ausführung des Webens heißt **Webstuhl** und man findet die Bezeichnung „Stuhl" für Garnverarbeitungsmaschinen, wie auch in der Spinnerei, häufiger. Man spricht deshalb auch, auf die schon besprochenen Maschinen angewandt, von Zwirn-Flechtstühlen usf. Die arbeitenden oder bewegten Teile des Webstuhles macht Fig. 94 deutlich. Die aufgebäumte Kette K wird, um gegenüber dem, mit dem abnehmenden Abwickeldurchmesser schwankenden Ablaufpunkt einen ruhenden Anspannungspunkt oder eine gleichbleibende Zuführstelle zu haben, über den als feste Schiene oder als bewegliche Walze k ausgeführten Baum, den **Ketten-Streichbaum** geleitet und die einzelnen Fäden laufen nun abwechselnd durch die Ösen der zwischen den Schaftstäben s bezw. s_1 ausgespannten Litzen l. Durch wechselseitiges Heben und Senken der beiden Schäfte, welche dazu durch über Rollen i gelegte Bänder verbunden sind, wird nun das Fach für den Eintrag des Schusses gebildet, und es befindet sich die den Schußfaden liefernde Spule, die gewöhnlich eine Kegelspule ist, in einem Schiffchen S, das hier **Schützen** genannt ist. Dieser Schützen wird in freiem Lauf, also nicht zwangläufig geführt, quer durch das Fach geworfen. Nach diesem losen Einlegen des Schußfadens muß derselbe an die Kreuzungsstelle der Kettfäden geschoben werden, um ihn dort zu binden, und dies wird bewirkt durch einen Kamm oder Rost r, der sich nach Durchlaufen des Faches vom Schützen im Fach nach der Bindungsstelle zu bewegt und damit den Schußfaden, wie man spricht, anschlägt. Dieser Kamm, der nach dem Anschlag wieder zurückgeht und auch **Web-Blatt** oder **Riet** genannt wird, sitzt in einem, um die unteren Zapfen z schwingenden Gestell, der sog. **Lade** L, welche eine Stütze oder Unterlage für die unteren Fäden der das Fach bildenden Kette beim Darüberhingleiten des Schützens, die sogen. **Ladenbahn**, abgibt. Die Lade hat an beiden Enden Kästen L_1 für die Aufnahme des das Fach durcheilt habenden Schützens S, und aus diesen **Schützenkästen** wird der Schützen durch den plötzlich gegen das Fach zu bewegten Schläger oder Treiber t heraus und durch das Fach geworfen, um von dem Ladenkasten an der anderen Seite aufgenommen zu werden.

58 Herstellung der einfachen Fadenverbindungen oder Grund-Bindungen.

Das Fach wird durch Auseinanderziehen der Kette zwischen der Webbindungsstelle und dem Streichbaum k gebildet, und es entsteht dadurch ein Fach, vor und hinter den Schäften, die im Stuhl zusammen man Geschirr nennt. Man spricht deshalb von einem Vorder- oder Schußfach und dem Hinterfach. Das Fach kann auch durch nur einseitig wechselndes Ausheben der Schäfte gebildet werden, ein Schaft bleibt also in Ruhe, während der andere hoch oder auch nur tief geht. Diese einseitige Fachbildung bezeichnet man mit Hoch- und Tieffach und läßt diese Bezeichnungen auch für die beiden Teile eines Doppelfaches von dessen Mitte aus gelten.

Das hergestellte Gewebe wird über den wieder eine Ruhstelle gebenden Warenstreichbaum w geleitet und auf eine Walze, den Warenbaum W, gewickelt. Um die Fäden der Kette für einen geordneten Lauf zur Fachbildung getrennt zu halten, werden sie zwischen zwei Durchsteckstäben n sich kreuzend geführt, wie man sagt, „eingelesen", und, da durch den eingetragenen zwischen den Kettfäden sich schlangenlinig einlegenden Schuß sich ein Zusammenziehen des Gewebes in der Breite bemerkbar macht, werden die Ränder über schräg gestellte, ein Anziehen derselben nach außen bewirkende benadelte Rollen b oder andere Einrichtungen mit derselben Wirkung, die sog. Breithalter, geführt.

Zum Einlegen des Schusses ist mit Bezug auf die Fadenbindung zu bemerken, daß die Bildung der Fadenschleifen des Schusses durch die Kettfäden nach dem in Fig. 72 bei n und o gegebenen Vorbildern erfolgt. Beim Flechten erfolgt diese Schleifenbildung durch ein halbes Umschlingen nach dem Vorbilde a, b und die Schlingenbildung an den Rändern durch volle Umkreisung nach dem Bilde b.

Nach dem beschriebenen Arbeitsvorgange des Webens ist ersichtlich, daß die Gewebedichte, d. h. die Aufeinanderfolge der Schüsse oder die Schußzahl auf die Gewebe-Längeneinheit von der Größe des Gewebeabzuges abhängt. Wenn die Bindungsstelle nach jedem Schuß ein größeres Stück als die Schußfadendicke und die Kettfadendicke fortschreitet, wird das Gewebe loser oder offener. Je nach der Spannung der Kettfäden und des Schußfadens wird bei deren Schleifenkreuzung eine dieser Fadenlagen als Schleifen mehr nach außen gedrängt und das Gewebe

Das Weben (der Webstuhl). 59

läßt mehr die betreffende Garnart erkennen. Bei straff gespannter Kette ist auch nötig, um die weiter sich bei der Fachbildung einstellende Spannungsvermehrung nicht schädlich werden zu lassen, dazu die erste Spannung zu mindern, wozu die Lagerung des Streichbaumes k beweglich gemacht wird. Man nennt den dann drehbar gemachten Baum mit Bezug auf die damit unterstützte spätere Gewebeausrüstung auch Walkwelle.

Die Bewegung der verschiedenen Webstuhl-Arbeitsteile wird gewöhnlich von einer den Antrieb erhaltenden Welle *1* aus bewirkt. Diese Welle bringt durch ausgekröpfte Kurbeln mit Lenkstangen *2* die Ladenschwingung hervor und treibt durch eine $^1/_2$ fache Räderübersetzung *3* die Welle *4*, welche durch Nasen einesteils die Schützentreiber abwechselnd anschlägt, anderenteils

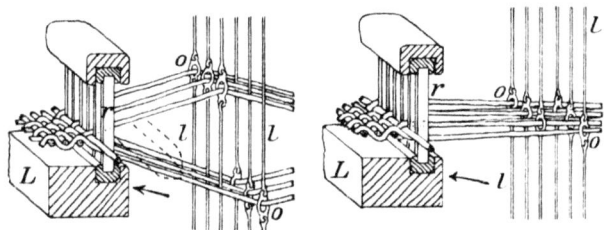

Fig. 95. Schußbindung bei offenem und geschlossenem Fach.

durch unrunde Scheiben *5* ein Niederdrücken der Tritte oder Schemel *6*, an denen die Schäfte angeschlossen sind, vermittelt.

Aufmerksam zu machen ist noch auf die zwei Möglichkeiten der Bindung des eingetragenen Schusses, welche durch die Kreuzung der beiden Kettenfädenreihen erfolgt. Diese Kreuzung entsteht durch den Wechsel des Webfaches und derselbe kann erst nach dem Anschlagen des Schusses oder schon etwas vorher stattfinden. Diese beiden Arten des Schußanschlagens zeigt Fig. 95 und zwar links bei offenem, rechts bei geschlossenem Fach, und man spricht deshalb von einer Offenfach- und Geschlossenfach-Weberei. Die erstere gestattet ein dichteres Anschlagen des Schusses, die letztere dessen zeitigeres Festhalten, und dies äußert sich in einer Verschiedenheit des ausgerüsteten Gewebes.

In Fig. 94 sind nur zwei Schäfte für die Kettenbewegung dargestellt. Diese Zahl läßt sich zu größerer Gewebedichtheit und zu anderen später zu behandelnden Zwecken vergrößern und veranschaulicht dazu Fig. 96 die Verteilung der Kette für die einfache Weberei z. B. auf vier Schäfte. Je zwei derselben werden dann zusammen ausgehoben. Der Webstuhl in Fig. 94 ist ein **Flachwebstuhl**, d. h. das Gewebe wird in flacher Bahn erzeugt. Die Erzeugung in runder Bahn, also gewebter Schläuche nach dem Fadenbindungsbilde Fig. 10 benötigt einen **Rundwebstuhl**, dessen Einrichtung Fig. 97 darstellt. Da sich ein Ringkettenbaum noch nicht gut herstellen läßt, wird die Kette in einzelnen Baumstücken k im Vieleck gelagert und nach oben zwischen den Rundstäben n abgezogen, wobei die Kettfäden durch die schwertförmigen Litzen 2 gehen, die, außen in einem dazu mit Schlitzlöchern versehenen Ringe r gehalten, an den inneren Enden durch über Rundleisten der Scheiben s greifende Haken entsprechend der Fachbildung verschoben werden. Das Riet zum Anschlagen des Schußfadens wird von durch die Kette greifenden Scheiden r gebildet, die an der Scheibe 2 der Tragsäule 1 drehbar angeschlossen sind und sich dann auf den schrägen Rand der mit den Scheiben s auf den gemeinschaftlichen, vom Hauptantrieb A aus in Umlauf gesetzten Rohre 3 sitzenden Scheibe L legen. Bei Drehung dieser werden also die Scheiden gehoben und wieder niedergelassen, so daß der auf denselben ruhende Schützen S auf der beim Hochgehen gebildeten schiefen Bahn abrutscht und einen Kreislauf durch das sich öffnende und dann schließende und somit wechselnde Fach antritt. Dieser Schützenlauf wird erforderlichenfalls durch einen mit der Scheibe L umlaufenden Elektromagneten m, welcher den eisernen oder mit einem Eisenstück versehenen Schützen anzuziehen und mitzunehmen sucht, unterstützt. Vom Bindungskreise an dem Teller b wird das erzeugte Schlauchgewebe flach zusammengenommen auf den Baum W gewickelt.

Wenn sich bei diesem nur ein Ausführungsbeispiel darstellenden Rundwebstuhl auch kein Durchsausen des Schützens im Web-

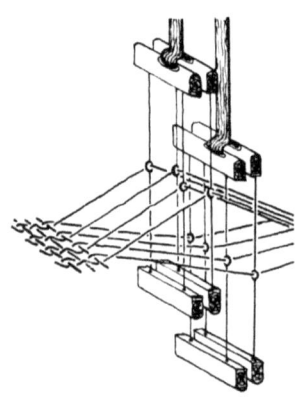

Fig. 96. Mehrschäftiges Webgeschirr.

fach erzielen läßt, so wird doch durch den ununterbrochen stattfindenden Arbeitsgang gegen das absetzende Arbeiten des Flachwebstuhles — Fachbilden, Schützendurchtreiben, Schußanschlagen und Fachwechsel — eine gleiche, wenn nicht höhere Leistung erzielt, wozu noch die Vermeidung der krafttötenden Schützenschläge tritt. Trotz dieser guten Eigenschaften hat sich aber der Rundstuhl in der Weberei noch nicht eingebürgert, und seine letztere fördernde Ausbildung bietet noch ein dankbares Arbeitsfeld.

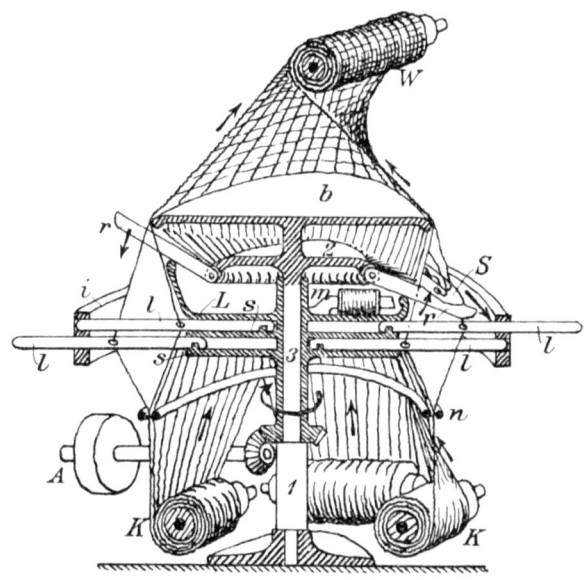

Fig. 97. Die Arbeitsteile des Rundwebstuhles.

Bezüglich der Weiterbehandlung der erzeugten Ware ist zuzugeben, daß sich Gewebeschläuche im ganzen oder aufgeschnitten mangels der gebundenen Ränder schlechter ausrüsten lassen. Der Rundwebstuhl gestattet aber dafür die Vervielfachung des Schußeintragens in einem Umlauf der Schützenbahn, also ein mehrfaches gleichzeitiges Schußeintragen, und kann Gewebe von großer Breite herstellen. Um ersteres, das mehrfache Weben, auch beim Flachwebstuhl zu ermöglichen, wird eine Doppelung des Schußeinlegens mit einem Ladenschlag, also das gleichzeitige Weben zweier Stoffe übereinander zu erreichen gesucht. Bei diesem Doppelwebstuhl werden zwei Fächer übereinander gebildet, durch welche je ein Schützen gleichzeitig geworfen wird, und diese beiden Schußfäden werden von dem durch beide Fächer reichenden Blatt angeschlagen.

Die in Fig. 94 dargestellte Flachwebstuhleinrichtung führt das Weben **wagerecht** mit senkrechter Schaftführung und senkrecht dazu schwingender Lade aus, es gibt aber auch Flachwebstühle mit **senkrechter Kettenlage** wie beim Rundwebstuhl. Auch die Bewegung des Schützens besteht bei Webstühlen nicht immer in einem Werfen oder Schlagen durch das Webfach; es ist auch das **Durchstecken** angewendet mit sogen. **Steckschützen** und Griffwerkzeugen für diesen, wie andererseits auch die Einführung des Schusses mit Nadeln, die durch das Fach reichen und von der ein Greifer das durchgesteckte Ende abnimmt und festhält, benutzt wird. Doch sind dies und andere Vorschläge alles Nebenausführungen des Webevorganges für besondere Stückfäden, wie Roßhaar u. dergl., die Hauptausführung ist der Flachwebstuhl mit freilaufendem, geschlagenem oder getriebenem Schützen.

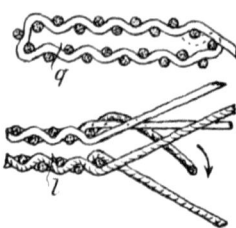

Fig. 98. Quer- und Längsschnitt des Schlauchwebens auf dem Flachstuhl.

In dem Schützen läuft nun die Spule ab, und es ist dann nach Unterbrechung der Arbeit des Webstuhles die Leerspule aus dem, den Schützenkasten entnommenen Schützen herauszuholen und dafür eine Vollspule neu einzulegen. Diese Arbeit wird von besonderen Vorrichtungen an Flachwebstühlen auch selbsttätig ausgeführt und damit ein **ununterbrochenes Arbeiten** des Stuhles erzielt. Dazu wird einesteils der Schützen mit leerer Spule selbst gegen einen frischgefüllten ausgetauscht, also der **Schützen gewechselt**, anderenteils die Leerspule aus dem Schützen aus- und eine Vollspule dafür eingedrückt, also nur die **Spule gewechselt**.

Das **Weben von Schläuchen**, wie sie der Rundstuhl herstellt, ist auch auf dem Flachstuhl möglich. Wenn der Schlauch zusammengelegt oder gefaltet wird, ergibt dies, wie der Querschnitt bei q in Fig. 98 zeigt, zwei an den Rändern durch den Schuß verbundene Gewebelagen, die der Schuß nacheinander durchläuft. Das Weben dieser beiden Lagen kann nun nach dem

Das Weben (der Webstuhl). 63

Längsschnitt bei *l* in zwei übereinanderliegenden Ketten mit abwechselnder Schußeintragung durch denselben Faden stattfinden. Die ganze Kette des Webschlauches wird auf vier Schäfte verteilt, von denen einmal von der oberen Schicht ein Schaft gehoben und die anderen drei Schäfte gesenkt werden, und umgekehrt mit der unteren Schicht, zur abwechselnden Fachbildung oben und unten.

Diese abwechselnde Schußeintragung in einer mehrschichtigen Kette mit geteilt gebildeten Webfachen gestattet die Herstellung von starken Geweben mit doppelt und mehrfach durch die Kettenbindung gefaßten Schußlagen. So zeigt Fig. 99 den Längsschnitt eines doppelt starken, Fig. 100 die Längsschnitte von drei- und vierfachen Geweben, also starken, festen Stoffen, wobei die Bindung der Kette in den Schußlagen durch Strichelung eines Verlaufes hervorgehoben ist. Diese Fadenbindungen können natürlich auch anders und vielseitig ausgeführt werden, je nachdem die Webfachbildung zwischen den mehrfachen Kettenschichten vorgenommen wird. Die verteilte Bewegung der Schäfte im Webstuhl wird durch entsprechende Form der Tritt- oder Zugscheiben erzielt. Mit dieser mehrfachen Kettenbindung ist eine Erhöhung der Gewebe-

Fig. 99. Querschnitt eines doppeltstarken Gewebes.

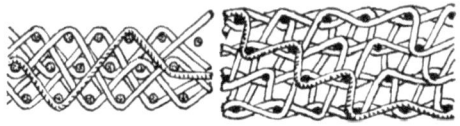

Fig. 100. Querschnitte von starken oder dicken Geweben mit Bindung des Schusses durch mehrere Kettenschichten.

festigkeit in der Längsrichtung verbunden, was namentlich bei Bändern und Gurten, d. i. schmäleren, langstreifenartigen Stoffen in Betracht kommt. Der eine Schußfaden im mehrfachen Gewebe ergibt natürlich auch eine besondere Abbindung der Gurtränder.

Die von Triebwerken oder einer eigenen Kraftmaschine angetriebenen und deshalb mechanisch benannten Webstühle werden der gewünschten Stoffbreite entsprechend verschieden breit gebaut, für Webbreiten von 0,6 bis 2 m in der Hauptsache, für lange Schläuche, deren Umfang die doppelte Webbreite gibt, bis 20 m derselben. Bei den breiteren Webstühlen mit großen Schützen wird derselbe, auf Rollen laufend, als sogen. **Rollschützen** benutzt. Die Arbeitsgeschwindigkeit des Webstuhles, also dessen Leistung wird durch die in der Zeiteinheit mögliche Schußzahl bestimmt, welche mit Rücksicht auf die Schützenlaufdauer bei breiteren Webstühlen geringer sein muß, als bei schmaler Webbreite, und welche auch noch von anderen Umständen abhängig ist. Diese Schußzahl in der Minute beträgt bei schmalen Stühlen über 200, bei breiteren bis etwa 75. Schmale Gewebe, also Bänder, werden auch in einem Webstuhl mehrere nebeneinander hergestellt. Bei diesen **Bandstühlen** trägt dann die Lade zwischen jeder der schmalen Webketten die Schützenkästen, um bei jedem Band einen abgebundenen Rand zu schaffen, was für die Haltbarkeit desselben nötig ist.

XI. Die Herstellung der Maschenbindungen.

1. Vorbetrachtung. Aus der Darstellung der Fadenverbindungen im 1. Teil geht hervor, daß diejenigen des Häkelns und Strickens in einem Durchstecken oder Ineinanderschieben von Schleifen und Schlingen oder, allgemein bezeichnet, **Maschen** bestehen, und da folglich bei allen Maschenverbindungen sich diese gegenseitige Bewegung der Maschen vorfindet, ist es nötig, zuerst dieses Grundmittel zu betrachten. Das Ineinanderstecken von zwei Maschen verlangt ein Festgehaltensein der einen Masche, während die andere über die erste hinweggeschoben wird. Es kann natürlich auch ein Durchziehen der gefaßten ersten Masche durch die zweite dazu festgehaltene Masche und auch ein Gegeneinanderschieben der beiden für sich gehaltenen Maschen stattfinden. Der erste Vorgang findet aber allgemeinere Anwendung und wird deshalb als Grundlage benutzt.

Die Sicherung der ersten Masche gegen die darüber hinweggeschobene zweite Masche findet am besten durch Einlegen in einen Haken statt, und deshalb kennzeichnen sich die **Häkel- und Strickmaschinen** alle durch das Vorhandensein solcher Maschenfanghaken, die sich als das Ende von Nadeln zeigen, welche die Maschen tragen. Die einfachste Form eines solchen **Maschenträgers** mit angesetztem Haken, wie sie bei der Hand-

Die Herstellung der Maschenbindungen. 65

arbeit benutzt wird, zeigt Fig. 101, welche in den verschiedenen Arbeitsstufen den Vorgang des Maschendurchsteckens veranschaulicht. Auf der Hakennadel n sitzt nach dem Bilde a bei Beginn die zur Haltbarkeit geknotete Anfangsschlinge 1, und der von dieser ausgehende fortlaufende Faden f wird zu einer zweiten Schlinge 2 geformt, welche nach dem Bilde b in den Haken der Nadel n zu liegen kommt. Die Schlinge 1 wird nun auf der Nadel nach vorn über den Haken geschoben, wofür auch, wie bemerkt und durch den punktierten Pfeil angedeutet ist, die Nadel zurückbewegt werden kann, und die Schlinge 1 fällt dann nach dem Bilde c über die Schlinge 2 ab. Die so verbundenen Schlingen werden auf der Nadel n, wie im Bild d gezeigt, zurückgeschoben und es wird nun in Wiederholung des ersten Vorganges eine neue Schlinge 3 gebildet, über welche die Schlinge 2 abgeworfen wird, so daß auf der Nadel dann nach dem Bild e die aus drei durchgesteckten Maschen 1 bis 3 bestehende Fadenkette hängt.

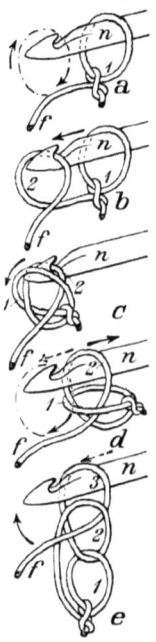

Bei dem Vorschieben der auf der Nadel hängenden Maschen zum Abfallen von derselben würden sich die Maschen beim dauernden Gleiten auf der Nadel in deren Haken fangen und das Abwerfen würde gehindert. Die Masche muß daher über die Hakenöffnung hinweggeführt werden, wozu diese Öffnung zu schließen ist. Nach Fig. 102 erfolgt dieser Schluß z. B. durch Überdeckung

Fig. 101. Das Durchstecken oder Überwerfen von Schlingen auf der einfachen Hakennadel.

mit einer Mulde d und diese Fig. zeigt rechts, wie die Masche 1 auf der Nadel n über die Mulde durch den die Nadel umgreifenden Bügel s hinweggeschoben wird, worauf dann aber der Hakenverschluß, die Mulde d, mit der Masche 1 wieder herauszuziehen ist, um die Masche zum Abfallen frei zu machen.

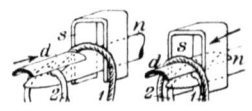

Fig. 102. Das Verschließen der Hakenöffnung zum Darüberschieben der zu überwerfenden Masche.

Für die Häkel- und Strickmaschinen hat man diese Verschlußvorrichtung vereinfacht, indem der Haken selbst mit einem federnden oder beweglichen Teil für vorübergehenden Schluß versehen wird,

Rohn, Garnverarbeitung. 5

und unter verschiedenen Einrichtungen haben sich zwei derselben, die **Nadel mit federndem Haken**, kurz **Hakennadel**, und die **Nadel mit beweglicher Verschlußzunge**, kurz **Zungennadel** genannt, eingebürgert.

Die erste Nadelart und das mit dieser auszuführende Maschenüberwerfen zeigt wieder in verschiedenen Arbeitsstufen Fig. 103. Die Nadel h ist nach dem Bilde a an ihrem verjüngten Ende zu einem schleifenförmigen Haken umgebogen, dessen Oberteil entlang der Nadel federnd ist und so niedergedrückt werden kann, daß die Spitze i dabei in eine Aussparung o im Nadelschaft eintritt, und damit wird der Hakenschluß hergestellt. Dies erfolgt, wie im Bilde b gezeigt ist, durch einen Drücker, die sogen. Presse p, und gleitet dann beim Vorschieben der nach dem Bilde a auf der Nadel h hängenden Anfangschlinge 1 und der davor hängenden Schleife 2 diese zuerst in den Haken und nach Zupressung desselben die Schlinge 2 auf das Hakenoberteil. Geht dann die Presse p wieder hoch, so rutscht auf dem nun freien Oberteil die aufgeschobene Schlinge 1 weiter, wie im Bild c gezeigt ist, um dann nach dem Bild d am Ende der Nadel ab und über die Schleife 2 zu fallen. Die darauf hinter dem Haken über die Nadel gelegte neue Schleife 3 wird, nachdem vorher die im Haken hängende Schleife 2 auf den Nadelschaft zurückgeschoben wurde, wie punktiert angedeutet ist, beim Vorschieben in der beschriebenen Weise dann durch die Schleife 2 gezogen.

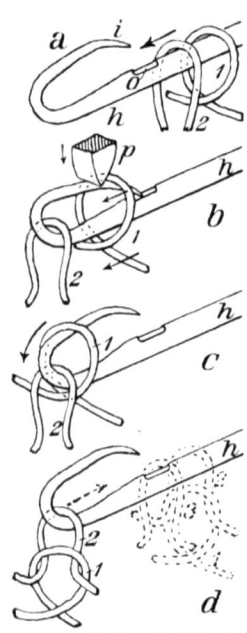

Fig. 103. Nadel mit federndem Hakenteil, sog. Hakennadel, das Maschenüberwerfen bei derselben.

Bei der Zungennadel, deren gleichen Arbeitsvorgang in Abstufungen Fig. 104 darstellt, ist in dem Schaft der Nadel z hinter dem kurz umgebogenen Hakenende zwischen aufgebogenen Lappen gelenkig drehbar die Zunge u, welche vorn ein Auge besitzt, das beim Niederlegen der Zunge nach dem Haken zu auf dessen

Die Herstellung der Maschenbindungen. 67

Spitze paßt, so den Haken schließt und auf dessen Oberseite eine Gleitfläche für die Maschen schafft. Die im Bild a im Nadelhaken hängende Anfangsschlinge 1 wird auf den Nadelschaft über die dabei sich zurücklegende Zunge, wie das Bild b zeigt, hinweggeschoben, und dann nach dem Bilde c von dem fortlaufenden Schlingenfaden f die zweite Schlinge 2 in den Nadelhaken gelegt. Beim darauf erfolgenden Vorschieben der Schlinge 1 nimmt diese untergreifend die Zunge u mit, legt sie um (Bild d), und fällt dann vorn über den Haken ab, so daß die zweite Schlinge durch die erste gesteckt wird. Diese verbundenen Schlingen werden dann nach dem Bild e auf den Nadelschaft zurückgeschoben und eine neue Schlinge 3 in den Nadelhaken eingelegt.

Diese beiden Arbeitsarten finden nun entsprechende Anwendung.

2. Das Häkeln. Der Arbeitsvorgang des Häkelns mit fortlaufender Schlingenbildung eines Fadens und Überwerfen der Schlingen ist mit der Zungennadel in der beschriebenen Fig. 104 deutlich gemacht. Bei Häkelmaschinen wird, wenn auch die Hakennadel Anwendung findet, doch meist die Zungennadel benutzt, und es steht hierzu nur noch zur Erläuterung, wie die Schlingenbildung und die Bewegungen zum Arbeiten erfolgen. Hierfür zeigt Fig. 105 die Einrichtung einer Häkelmaschine. Die in ihrem Schaft verschiebbar gehaltene Zungennadel z sitzt an einer

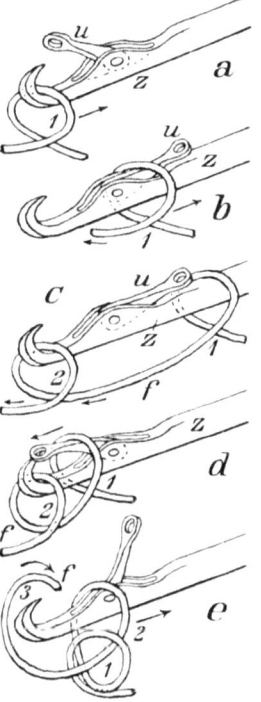

Fig. 104. Hakennadel mit beweglicher Zunge, sog. Zungennadel, und deren Maschenüberwerfen.

Schiene d, die von der, auf der umlaufenden Triebwelle a sitzenden unrunden Scheibe e mit Hilfe einer an der Welle a sich führenden Lenkstange so bewegt wird, daß die Nadel z durch die Schlingen der nach rückwärts gezogenen gehäkelten Schnur s vor- und zurückgezogen wird. Die Bewegung zum Maschenüberwerfen übernimmt also die Nadel. Die Schlingenbildung aus dem fort-

5*

laufenden, von einer Spule entnommenen und durch die Öse des Stäbchens l geführten Faden f wird durch eine Bewegung desselben im Viereck um die Nadel z nach dem in Fig. 72 bei g gegebenen Vorbilde bewirkt, wozu dieser Fadenführer l an der verschiebbaren und schwingenden Achse b sitzt, die von einer in der Senk- und Wagrechten unrunden Spurscheibe c gesteuert wird.

Mit einer Nadel werden nur Schnuren gehäkelt. bei mehreren nebeneinander angeordneten Nadeln z mit zugehörigen Fadenführern oder wie man sagt: **Fadenlegern** l, wie punktiert angedeutet ist, werden Streifen und breitere Stoffe in Häkelbindung nach Fig. 66 hergestellt, wobei dann die Leger l entsprechend über zwei und mehr benachbarte Nadeln geführt werden und

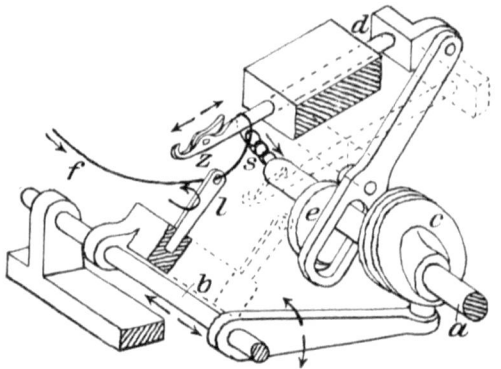

Fig. 105. Einrichtung der Häkelmaschine.

auch während der Schlingenbildung Querfäden für Stoffe nach Fig. 65 durch besondere Fadenführer eingelegt werden können. Die gehäkelte Ware bedarf natürlich eines Abzuges, welcher auch das Überwerfen der Maschen unterstützt.

3. Das Wirken. Das Stricken mit Hilfe von Maschinen oder das **Maschinenstricken** wird mit Haken- und Zungennadeln ausgeführt. Die Verschiedenheit der beiden Arbeiten begründet eine verschiedene Bezeichnung und nennt man das Stricken mit Hakennadeln daher **Wirken.** Die Arbeitswerkzeuge zu dessen Ausführung sind für den allgemeinen Fall in Fig. 106 dargestellt, und sind hierzu noch die zur Maschenbildung und Maschenverschiebung dienenden Teile zu bezeichnen. Es sind dies die zwischen den in einer Reihe stehenden Nadeln h senkrecht und

Die Herstellung der Maschenbindungen. 69

wagrecht beweglichen Scheiden s, welche Schlitze i für das Erfassen und Halten der schon gebundenen Maschen haben und vorn an dem einen Schlitzteil noch einen Nasenabsatz für das Erfassen des Fadens besitzen, der von einem quer über die Nadelreihe laufenden Fadenführer über die Nadeln hinter deren Haken gelegt wird. Beim Niedergehen in der in Fig. 106 rechts gezeichneten, die Vormaschen *1* des Gestrickes dahinter haltenden Stellung wird, wie in der Mitte der Fig. 106 ersichtlich ist, der Faden f zwischen die Nadeln eingedrückt und auf diesen, hinter dem Haken hängend, werden Schleifen gebildet, welche beim Vorgehen der Scheiden s von deren Vorderabsatz zuerst in die Haken geführt und bei diesem Vorgehen die Maschen *2* nach der Hakenschließung

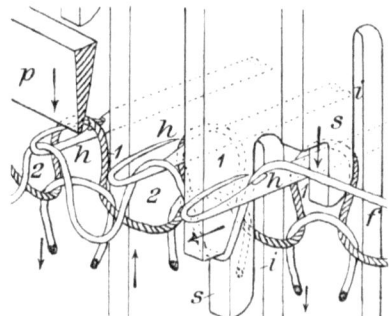

Fig. 106. Arbeitswerkzeuge des Wirkstuhles (Nadeln, Scheiden und Presse).

durch die Presse p, die sogen. Nadelpressung, auf den Haken geschoben werden, was in Fig. 106 links gezeigt ist.

Durch weiteres Vorgehen der Scheiden s über die Nadelspitze und den Abzug der Maschenverbindung — des Gewirkes — nach unten, und zwar durch ein angehängtes Gewicht oder dergl., wird die Masche *1* abgeworfen. Die Maschenbildung durch Fadeneindrücken, was man als „Kulieren" bezeichnet, erfolgt also nach dem Vorbilde n in Fig. 72. Diese Maschenbildung kann nach dem anderen Vorbilde o auch durch Einziehen der den Faden gefaßt habenden Nadeln zwischen entgegenstehende Scheiden erfolgen, die in Fig. 106 wagrecht stehenden Nadeln können auch senkrecht stehen, die gegen die Nadeln erfolgende Scheidenbewegung kann durch eine Bewegung der Nadeln gegen die feststehenden oder ruhenden Scheiden ersetzt werden, anstatt die Presse gegen die

70 Herstellung der einfachen Fadenverbindungen oder Grund-Bindungen.

Nadeln zu bewegen, kann die bewegliche Nadelreihe gegen die feste Presse gedrückt werden, und so ergeben sich eine ganze Zahl verschiedener Ausführungen der einmal gegebenen Arbeit mit den dazu bestimmten Werkzeugen und folglich verschiedene Maschinenarten.

Diese Arbeitsmaschinen der Wirkerei nennt man **Wirkstühle** und von den nach der gemachten Aufzählung sich ergebenden verschiedenen Einrichtungen oder verschiedenen Wirkstühlen soll hier als Arbeitsbeispiel nur die in neuerer Zeit verbreitetste Maschine mit **wagrechter fester Presse, wag-**

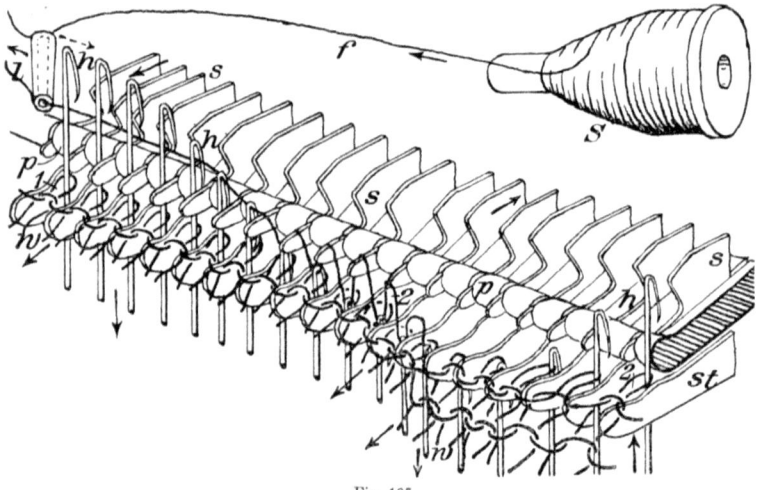

Fig. 107.
Wirken mit Zugmaschen (Arbeitsvorgang am sog. Coton- oder Zugmaschen-Wirkstuhl).

recht verschiebbaren Scheiden und senkrecht stehenden gegen diese beiden bewegten Nadeln, also mit Fadeneinzug zur Maschenbildung, d. h. die Anordnung des sogen. Cotonstuhles, der Zugmaschen-Wirkstuhl genannt werden kann, besprochen werden. Den Arbeitsvorgang desselben zeigt in den sich sonst in der Nadelreihe absetzend vollziehenden Stellungen im Verlauf an einem Nadelreihenstück vereinigt Fig. 107. In der festen Preßschiene p sind die oberen Nadelscheiden s wagrecht verschiebbar und unter diesen liegen noch die Scheiden st, auf denen das mit seinen Maschen an den Nadeln h hängende Gestrick oder Gewirk liegt, und die deshalb als **Stützscheiden** zu bezeichnen

Die Herstellung der Maschenbindungen. 71

sind. Von links nach rechts folgend sieht man, wie der von der Spule S abgezogene Faden f von dem röhrenartiger Führer l auf die Scheiden s hinter die Nadeln h gelegt wird, so daß dann der mit den vorgehenden Scheidenabsätzen an die Nadeln gedrückte Faden in den Haken der niedergehenden Nadeln eintritt. Beim Weitersenken derselben werden durch Antreffen der federnden Hakenteile die Haken geschlossen, und die auf den Nadeln hängenden Maschen schieben sich auf die Haken, während gleichzeitig die neuen Maschen durch die niedergehenden Haken über den Scheiden s gebildet werden. Wenn sich letztere dann zurückziehen, fallen die neuen Maschen ab und diese werden von den Nadeln und dem wagrechten Abzug der alten Maschen w durch letztere gezogen. Beim Wiederhochgehen der Nadeln treten die in deren Haken hängenden Maschen aus diesen, das Gewirk hängt nun mit denselben an den Nadeln und das Arbeitsspiel beginnt von neuem.

Die Bewegungseinrichtung der Arbeitswerkzeuge dieser Wirkmaschine geht aus Fig. 108 hervor. Von der Hauptantriebswelle a aus werden mittels der unrunden

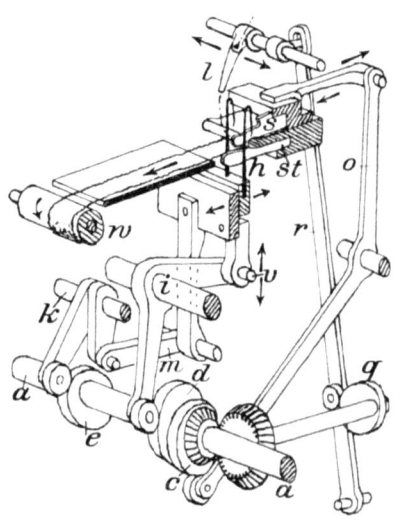

Fig. 108.
Die Bewegungseinrichtung des Flachwirkstuhles.

Scheibe c und des Doppelhebels o die an einer Schiene oder Barre sitzenden Scheiden s, die sonst Plattinen genannt werden, vor- und zurückgeschoben. Eine zweite unrunde Scheibe d bewirkt mit einem auf der Welle i sitzenden Winkelhebel, an dessen Ende bei v die die Nadeln h tragende Schiene oder Nadelbarre gelenkig angeschlossen ist, das Hoch- und Niedergehen der Nadeln, wobei das vorübergehende Andrücken an die Preßschiene durch die unrunde Scheibe e unter Vermittlung eines auf der Welle k sitzenden Winkelhebels und des Lenkers m, wodurch die Nadelbarre sich etwas um das Ge-

72 Herstellung der einfachen Fadenverbindungen oder Grund-Bindungen.

lenk v dreht, bewirkt wird. Von der Welle a, deren Umdrehung ein Arbeitsspiel ausführt, wird durch Kegelräder im Verhältnis 1:2 die unrunde Scheibe q gedreht, welche mit dem Schwinghebel r den an einer verschiebbaren Stange sitzenden Fadenführer l entlang der Nadelreihe führt, um hin- und hergehend Maschen zu bilden. Das Gewirk wird über eine Tragplatte von dem Warenbaum w abgezogen und aufgewickelt.

Die reihenweise Anordnung der Nadeln im Wirkstuhl erfolgt in der Breite des zu wirkenden Stoffes, bei Teilen zu Strümpfen, Handschuhen usw., wo das einhüllende Schlauchstück durch Zusammennähen der flach gewirkten Teile hergestellt wird, in der größten Umfangslänge des zu bedeckenden Körperteiles. Die Anzahl der Nadeln in der Reihe, deren Abstand oder Teilung und die Nadelstärke ist von der Feinheit des verarbeiteten Garnes und der gewünschten Maschendichte abhängig. Die Nadelteilung, der dann auch gewöhnlich eine bestimmte Nadel-Dicke oder Nummer entspricht, wird durch die Zahl der in der Maßeinheit der Nadelfeldbreite vorhandenen Nadeln ausgedrückt. Diese Maßeinheit ist noch der englische oder sächsische Zoll; dafür wären 25 mm anzunehmen und hat man Teilungen von 12 bis 32 Nadeln auf dieses Maß. In einer Maschine befinden sich mehrere, bis zu 24 solcher Nadelfelder oder Köpfe, auch „Fonturen" genannt, so daß die Wirkstühle bis 15 m lang werden. Die Zahl der in der Zeiteinheit zu wirkenden möglichen Maschenreihen ist verschieden und beträgt bis zu 65 minutlich.

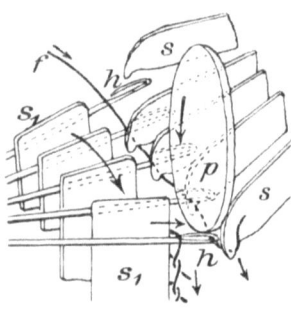

Fig. 109.
Arbeitsbild beim Rundwirken.

Gegenüber der betrachteten Flachwirkmaschine ist beim Wirkstuhl für Schläuche, dem Rundwirkstuhl, dessen Anordnung Fig. 110 veranschaulicht, während Fig. 109 den Arbeitsvorgang deutlich macht, die Nadel h an einem Dreh-Ringe R ausragend befestigt. Die Arbeit der Scheiden ist auf zwei unabhängig bewegte Stücke derselben verteilt, nämlich 1. auf die mehr in der Nadelrichtung liegenden mit ihrer ein wenig abgebogenen Spitze gegen die Nadel h zu schwingenden und gegen

Die Herstellung der Maschenbindungen. 73

diese hin und her bewegten Scheiden s, welche die Maschen durch Eindrücken des Fadens zwischen die Nadeln hinter deren Haken zu bilden (oder, wie man sagt: zu „kulieren") und dann in die Haken hineinzuziehen haben, und 2. auf die senkrecht zu den Nadeln stehenden in deren Richtung beweglichen Scheiden s_1, welche das auf den Nadeln hängende Gewirk oder die Ware auf diesen über die Haken vorschieben und so den Maschenabwurf zu besorgen haben. Zum Zurückschieben des Gewirkes auf den Nadeln ist dann noch eine besondere Scheibe vorhanden. Die Scheiden s sitzen in einem drehbar, aber in ruhender Achse gelagerten Gestell M strahlenförmig und dieses, als Maschenrad (fremdsprachig „Mailleuse") zu bezeichnende Scheidengestell trägt auch die sich mitdrehende Preßscheibe p zum Niederdrücken der Nadelhaken-Oberteile. Der Nadelring oder Nadelkranz R ist auf einer Hängesäule S gestützt zu drehen, welche auch die Lager für die am Nadelkranz mehrfach möglich und vorhandenen Maschenräder M trägt, und wird von der Antriebscheibe A aus durch Kegelräder in Umlauf gesetzt, wobei von ihm wieder durch Kegelräder die Maschenräder M mitgenommen werden, wobei durch Ablauf an inneren festen Formscheiben die einen Laufkranz bildenden Scheiden ihre geforderte Verschiebung und Schwingung erhalten. Das Gewirk wird nach unten durch eine zeitweise in den Schlauch einzuklemmende, auf einer frei beweglichen Achse lose sich senkende Gewichtscheibe G abgezogen und darunter in einer mitumlaufenden Schale T gesammelt. Dafür wird aber auch eine sich mitdrehende Warenaufwicklung W wie oben beim Rundwebstuhl (vergl. Fig. 97) angeordnet.

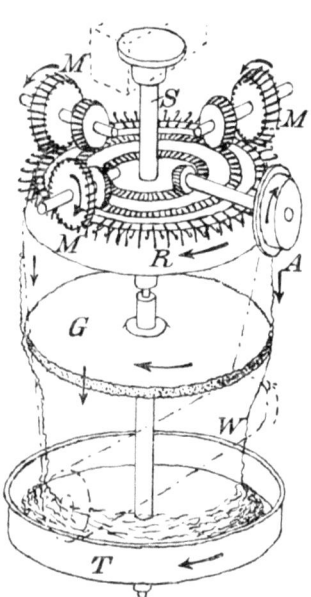

Fig. 110. Anordnung des Rundwirkstuhles mit drei Arbeitstellen.

Bemerkenswert ist für den Rundwirkstuhl, daß der Nadelkranz mit dem gewirkten Schlauch ständig kreist. Man läßt zwar

74 Herstellung der einfachen Fadenverbindungen oder Grund-Bindungen.

die Nadeln ruhen, dann müssen aber die Maschenräder den Nadelkranz umkreisen, was wegen der Unübersichtlichkeit der mitlaufenden Arbeitstellen aber unbequemer ist.

Der Rundwirkstuhl gestattet durch die Anbringung mehrerer Maschenräder, wie Fig. 110 zeigt, ein mehrfaches gleichzeitiges Arbeiten und werden solche, kurz Rundstühle genannten Maschinen bis mit 24 solchen Rädern bei bis 4 m großem Nadelkranz gebaut. Auch beim Rundstuhl werden, wie beim Flachwirkstuhl, die Hakennadeln senkrecht angeordnet und bei der dazu gebräuchlichen Ausführung sind die Haken der Nadeln nach oben gerichtet und das Gewirk wird nach oben abgezogen, doch ist auch die umgekehrte Anordnung möglich. Man hat deshalb Rundwirkstühle mit liegenden und stehenden Nadeln zu unterscheiden.

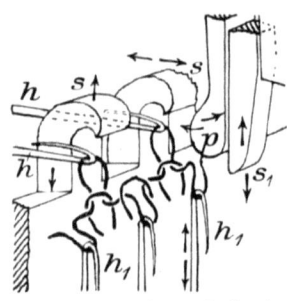

Fig. 111. Arbeitswerkzeuge des Ränderwirkstuhles zum Wirken mit quer geschränkten Maschen.

Wenn man beachtet, daß die Maschenbindung beim Wirken durch Überwerfen der neuen Masche über die alte stattfindet, ist sofort einleuchtend, daß, da bei quer geschränktem Gewirk, also Rechts- und Rechts-Gewirk, das Maschenabwerfen abwechselnd nach beiden Seiten desselben erfolgen muß, zur Ausführung dieser Arbeit mit ihren Haken abwechselnd verschiedene, oder gegeneinander stehende Nadeln nötig sind. Diese Nadeln werden dazu, wie Fig. 111 veranschaulicht, senkrecht gegeneinanderstehend in der fortlaufenden Reihe angeordnet. Die Haken beider Nadelarten h und h_1 werden zum Maschenüberwurf von einer gemeinschaftlichen Presse p zusammengedrückt. Die angereihten Nadeln h, an denen die durch Spitzenabbiegung das Gewirk einesteils zurückhaltenden, anderenteils dasselbe zum Maschenabwurf vorschiebenden Scheiden s beweglich sind, erhalten die Maschen durch die Scheiden s_1 eingedrückt, welche Fadenbogen dann von den hochgegangenen Nadeln h_1 gefangen werden, weshalb man auch von Fang-Gewirk oder Fangware spricht. Es findet also hier eine Vereinigung der beim Flachwirkstuhl beschriebenen beiden Arten der Maschenbildung statt. Man nennt diesen Wirkstuhl mit doppelter, wag- und senkrechter Nadelreihe, welch

letztere in flacher und runder Anordnung ausgeführt wird, auch
Ränderstuhl, da die Ränder von Gewirken, so der obere
Strumpfrand, wegen der erforderlichen größeren und haltbareren
Nachgiebigkeit in geschränkten Maschen gewirkt werden.

4. Das Stricken. Zum Unterschiede gegen das Wirken
nennt man das Maschenbilden und Überwerfen mit Zungennadeln
Stricken und in den Strickmaschinen werden diese Nadeln
nach Fig. 112 verschiebbar in einem Bett gelagert. In diesem
plattenförmigen Bett B sind für die Verschiebung der Nadeln z
Kanäle eingearbeitet, und muß nun schon die Zungennadel in
ihrem Schaft stärker gehalten werden als die Hakennadel, weil

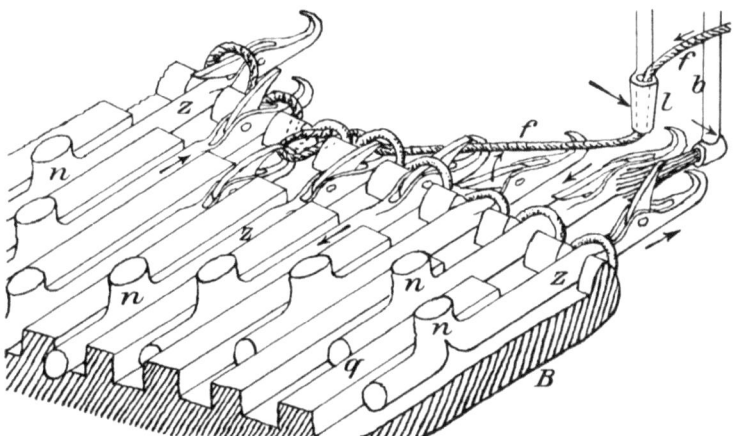

Fig. 112. Arbeitsbild der Strickmaschine mit Zungennadeln.

erstere die zwischen aufgebogenen Lappen drehbare Zunge zu
halten hat, so lassen sich die zwischen den Nadelkanälen stehen
bleibenden Querstege q des Bettes auch nicht so schwach ausführen als die aus dünnem Blech hergestellten Nadelscheiden der
Wirkstühle; deshalb lassen sich bei dem Strickstuhl, den man
unterscheidend allgemeiner als Strickmaschine bezeichnet, nicht
die große Zahl Nadeln in der Maßeinheit der Strickbreite, also
auf 25 mm nur bis etwa 18 Nadeln unterbringen, folglich so
feine Nadelteilungen nicht erzielen und keine so feine Maschenbindungen herstellen, als beim Wirkstuhl. Letzterer ist deshalb
wegen der möglichen größeren Maschendichte, die natürlich auch

76 Herstellung der einfachen Fadenverbindungen oder Grund-Bindungen.

feineres Garn erfordert, für die feineren und dünneren Gestricke (Frauenstrümpfe, Hemdenstoffe u. dgl.) bestimmt, die Strickmaschine dagegen für gröbere solche Waren (Herrenstrümpfe, Hosen und Jacken), die Strickmaschine hat aber dann den Vorzug größerer Einfachheit der Bewegungen und einfacherer Handhabung.

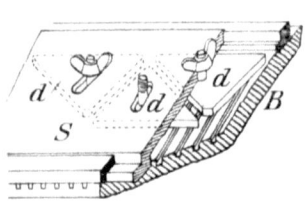

Fig. 113. Schloß zur Nadelverschiebung bei der Strickmaschine.

Die Strickmaschine arbeitet mit Einzugmaschen, indem nach dem Arbeitsbilde Fig. 112 der von dem Leger l in die, durch eine die Zungen der Nadeln z zurücklegende Bürste b geöffneten Haken eingelegte Faden durch Zurückziehen in den Bettkanal, wobei gleichzeitig das Überwerfen der alten Maschen stattfindet, als Schleife in den Kanal hineingezogen wird, wobei der Steganfang den erforderlichen Gegenhalt für die alten Maschen bildet. Beim Zurückgehen der Nadel öffnet sich dann der Haken durch Zurücklegen der Zunge durch die darüber gleitende neue Masche. Es sind also nun während des Darüberhinführens des Fadenlegers die Nadeln im Bett herauszuschieben und wieder hereinzuziehen, wozu dieselben durch einen

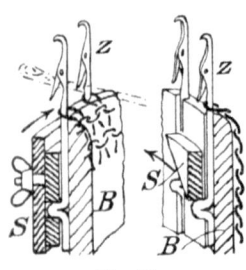

Fig. 114. Nadelanordnung der Rundstrickmaschinen.

Einknick gebildete Knaggen n besitzen, über welche quer hinweg ein zickzackförmiger Führungskanal gleitet. Dieser wird nach Fig. 113 durch verstellbare Dreiecke d gebildet, die unten an dem zwischen Leisten am Bett B geführten Schieber S sitzen. Dieses mit dem Fadenführer verbundene einzige Bewegungsstück nennt man Schloß, und folglich ist die vom Maschinenantrieb durch Kurbel oder Mangelzahnstange bewirkte Verschiebung des Schlosses eine ganz einfache Bewegungseinrichtung. Das Gestrick wird von den Nadeln nach unten durch angehängte Gewichte oder durch Aufrollwalzen abgezogen. Das Bett liegt zweckmäßig für ein leichteres Hinterrutschen der Maschen vorn schräg nach oben.

Wie rundwirken läßt sich auch ein Schlauch rundstricken, und werden dann in der Rundstrickmaschine nach Fig. 114

Die Herstellung der Maschenbindungen. 77

die Nadeln z in einem Ring-Bett B entweder innen, wie rechts, oder außen, wie links dargestellt, senkrecht angeordnet und durch das kreisende Schloß S gehoben und gesenkt. Das Gestrick gelangt entsprechend außer- oder innerhalb des Nadelkranzes zum Abzug.

Nach dem Vorbilde beim Weben läßt sich ein Schlauch aber auch auf der **Flachstrickmaschine** erzeugen, wenn man mit dem durchgehenden Maschenfaden zwei flache Reihen nacheinander strickt. Die Strickmaschine erhält dann zwei gegeneinander gerichtete Nadelreihen, auf denen nach Fig. 115 die punktiert angedeuteten zwei Gestricke gebildet werden. Diese **Doppelstrickmaschine** ist auch gleich diejenige zum quergeschränkten Stricken, gemäß des gleichen Wirkstuhles Fig. 111, also mit zwei senkrecht zueinander gerichteten, mit ihren Haken abstehenden Nadelreihen. Dieses dabei abwechselnd nach vorn und hinten erfolgende Maschenabwerfen macht sich hier sehr einfach, weil der zwischen die Haken eingelegte Faden abwechselnd nach rechts und links in die Nadelkanäle eingezogen wird. Auch die Rundstrickmaschinen werden durch einen zweiten Kranz mit wagerechten Nadeln, wie in Fig. 114 punktiert angedeutet ist, zum Quergeschränktstricken eingerichtet.

Fig. 115. Doppelnadel- oder Schlauchstrickmaschine.

Die Flachstrickmaschinen werden meist mit zwei gegenüberliegenden Nadelbetten gebaut und wird zum Einfachstricken das eine Nadelbett dann ausgeschaltet. Die Nadelfeldbreite ist wieder der gewünschten Gestrickbreite entsprechend zu nehmen und in einer Maschine werden mehrere solcher Nadelfelder meist mit für sich bewegten Schlössern untergebracht. Man spricht dann auch von mehrköpfigen Strickmaschinen.

Der abwechselnde Maschendurchzug in der Länge des Gestrickes, also das Links- und Links- oder Längsgeschränkt-Stricken erfordert, daß die alte Masche über die neue abwechselnd nach beiden Enden der haltenden Nadel abgeworfen wird, also eine **Nadel mit Haken an beiden Enden**. Dazu eignet sich nun die Nadel mit federndem Hakenteil weniger gut und das genannte Stricken wird daher vorteilhafter mit Zungennadeln vorgenommen, die an beiden Enden Haken mit umlegbaren Verschlußzungen besitzen, im übrigen aber wieder in Bettkanälen verschiebbar

78 Herstellung der einfachen Fadenverbindungen oder Grund-Bindungen.

sind. Die Arbeitseinrichtung einer solchen Doppelhakennadel-Strickmaschine zeigt Fig. 116. Da der Maschendurchzug und das Überwerfen wieder an den Bettkanten stattfindet, sind zwei Nadelbetten B und B_1 mit ineinander treffenden Kanälen vorhanden, in denen sich die Nadel z von einem Bett in das andere verschiebt. Die Verschiebung besorgen Hilfshaken h und h_1, die ebenfalls in den Nadelkanälen laufen und Knaggen n für die quer darüber weg geführten Schlösser S und S_1 haben. Diese Haken h legen sich beim Vorschieben, über die geöffneten Nadelhaken hinweggreifend, in diese ein, um die Nadeln beim Zurückgehen mitzunehmen, und werden dann zur Wiederfreigabe der Nadeln durch mit den Schlössern verbundene untergreifende Messer o wieder ausgehoben. Mit dem Erfassen der Nadel an einem Haken wird dabei gleichzeitig der Zughaken h aus dem anderen Nadel-

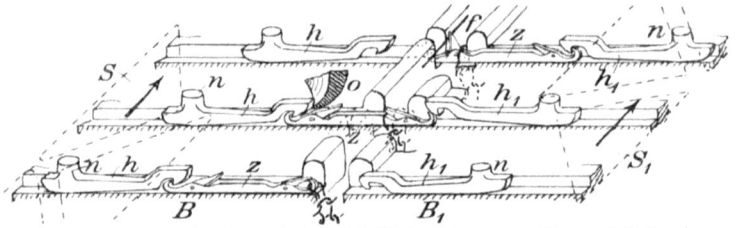

Fig. 116. Arbeitsbild der Doppelhakennadel-Strickmaschine zum Längsgeschränkt- oder Linksundlinks-Stricken.

haken ausgehoben. Aus den gezeichneten drei Arbeitstellungen der Nadel z ist zu ersehen, wie der zwischen den Randleisten der Betten B eingeführte Faden f einmal vom linken, das andere Mal vom rechten Nadelhaken erfaßt wird, wobei das an den Nadeln hängende Gestrick mit den Hängemaschen über die ganze Nadel hinweggleitet.

Diese Längsgeschränkt-Strickmaschinen werden gewöhnlich nur mit einem bis etwa 1 m breiten Nadelfeld, aber auch rundstrickend gebaut.

5. Das Kettenwirken und -stricken. Die bisher betrachteten maschenbindenden Maschinen, die Wirkstühle, Strick- und einnadeligen Häkelmaschinen kennzeichnen sich als Einfaden-Garnverarbeitungsmaschinen, denn wenn dieselben auch mehrere Arbeitsköpfe aufweisen, so findet in jedem doch nur die Verarbeitung eines Fadens statt, der fortlaufend nacheinander

Die Herstellung der Maschenbindungen. 79

zu Maschen gebogen wird. Zur mechanischen Verbindung von Maschenketten, die sowohl mit Haken- als mit Zungennadeln erfolgen kann, ist aber durch die Kettenherstellung eine gleichzeitige Verarbeitung einer Fadenreihe zu Maschen nötig, und diese Kettenstrickmaschinen sind daher wie die sonstigen bisher betrachteten Maschinen **Mehrfaden-Garnverarbeitungsmaschinen**. An die Stelle des einen, entlang der Nadelreihe laufenden Einfadenführers ist also eine Reihe von Fadenführern, für jede Nadel einer, nötig, welche, da ihre Bewegung gleichartig ist, auf einer Schiene sitzen, die man **Fadenleger** oder kurz **Leger** nennt und die zu den Maschenüberwerf-Werkzeugen (bei den Wirkstühlen die Nadeln, die Presse und Scheiden, bei der Strickmaschine die Nadeln mit ihrem Führungsbett) noch hinzukommt. Wenn man das Bild der Maschenketten in den Fig. 17 und 28 bis 33 betrachtet, so haben die Maschenleger gegenüberstehende Schlingen zu legen und dazu wird nach dem Vorbilde Fig. 72 bei a bis g eine absetzende Bewegung im Viereck benutzt, wie dies schon bei der Häkelmaschine (Fig. 105) sich vorfindet.

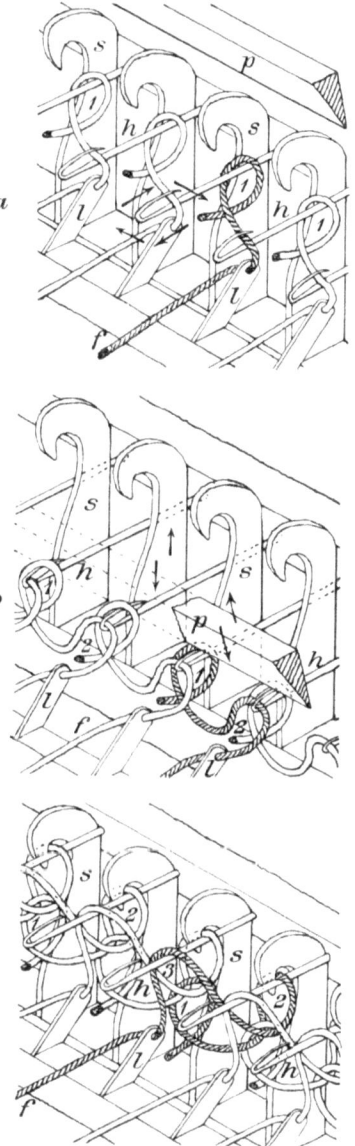

Fig. 117 a bis c. Arbeitsvorgang des Kettenstrickens mit Hakennadeln.

80 Herstellung der einfachen Fadenverbindungen oder Grund-Bindungen.

Bei dem Kettenwirkstuhl, der also mit Hakennadeln arbeitet und dessen Arbeitsvorgang durch die Fig. 117a bis c in verschiedenen Stufen veranschaulicht wird, haben, da die Maschenbildung durch die Nadelscheiden fortfällt, diese Scheiden s nur die alten Maschen 1 während des Bildens der neuen Maschen 2 auf den Nadeln h hinter deren Haken zu halten, weshalb die unten gehaltenen Scheiden am oberen freien Ende hakenförmig sind, sie haben aber wie früher die vorher gehaltenen Maschen nach Freigabe vorzuschieben und, während die Nadelhaken durch

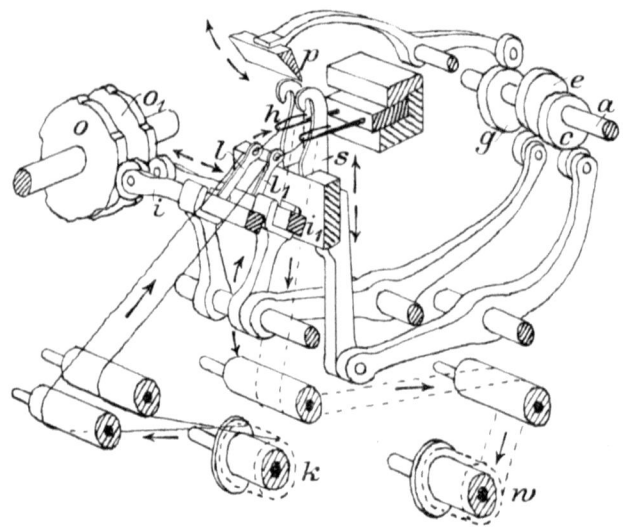

Fig. 118. Einrichtung des Kettenwirkstuhles.

die Presse p geschlossen werden, überzuschieben und zum Abwurf zu bringen, was bei der nur senkrecht gewählten Bewegung der Scheiden durch deren nach unten ausgebauchte Form vermittelt wird. Fig. 117a zeigt, wie die durch die platten Leger l gehenden Fäden f von den ersten, gegebenenfalls geknoteten Schlingen 1 aus auf die rechts benachbarten Nadeln h überführt werden und dort nach Fig. 117b zunächst eine Schleife 2 bilden, über welche die Schlingen 1 der Nachbarkette abgeworfen werden, worauf durch Rückkehr der Leger zur ersten Nadel diese Schleifen zu Schlingen werden und dann nach Fig. 117c auf dieser Nadel neue

Die Herstellung der Maschenbindungen.

Schleifen 3 gelegt werden, worauf sich das beschriebene Arbeitspiel wiederholt.

Die Bewegungseinrichtung dieser Arbeitsteile des Kettenwirkstuhles veranschaulicht Fig. 118. Von der Welle a aus werden durch die unrunde Scheibe c die Schiene oder Barre mit den Scheiden s, durch die Scheibe g die Nadelpresse p und durch die Scheibe e die Halter für die seitlich verschiebbaren Schienen i bewegt, an denen die Fadenleger l sitzen. Von diesen sind gewöhnlich zwei, bei feineren Nadelteilungen auch noch mehr Reihen, also Schienen i, vorhanden. Für deren Verschiebung wird von der Antriebwelle a aus durch Kegelräder eine dazu senkrecht an der Seite des Stuhles liegende Welle getrieben, welche Nasenscheiben o und o_1 die, mit Endrollen an diese sich durch Federdruck o. dgl. anlegenden Schienen i beeinflussen, und folgen diese den Scheiben anliegenbleibend bei ihrem Auf- und Absteigen. Die zu verstrickende Fadenreihe, die zusammen man, der Webereibezeichnung folgend, als Kette bezeichnet, kommt von dem Baume k über Leitwalzen, vorn aufsteigend, zu den Legern l, und das Gewirk, der Kettenstoff oder die Ware, wird von den feststehenden Nadeln h weg nach unten abgezogen und, über Leitwalzen laufend, von dem Baum w aufgewickelt.

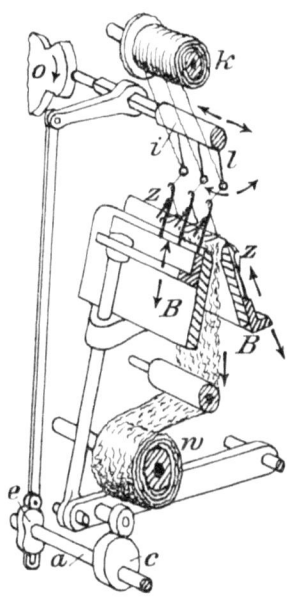

Fig. 119. Einrichtung der Kettenstrickmaschine (Raschel).

Der hier mit wagerechten Nadeln dargestellte Kettenwirkstuhl wird auch mit senkrecht stehenden Nadeln und wagerechten Scheiden ausgeführt. Die Kettenwirkstühle werden für eine Warenbreite bis 3,7 m gebaut und arbeiten etwa 120 Maschenreihen minutlich.

Die Kettenstrickmaschine, wie sie Fig. 119 in ihren Arbeitswerkzeugen darstellt, hat mehr senkrecht stehende Zungennadeln z, deren Reihe wegen der erforderlichen gleichzeitigen oder gemeinschaftlichen Bewegung an einer Schiene n sitzt, die

82 Herstellung der einfachen Fadenverbindungen oder Grund-Bindungen.

von der unrunden Scheibe c der Triebwelle a aus an dem Bett B in die Höhe geschoben wird, um die durch Abfallen der Zungen geöffneten Nadelhaken dem von der Scheibe e aus in Schwingung gesetzten Fadenlegern l, deren Stange i wie vorher seitlich verschoben wird, darzubieten und dann beim Niedergehen das Abwerfen der vorhergelegten Schlingen an dem das Gestrick mit seiner oberen Kante gegenhaltenden Bett B zu besorgen. Der Kettenbaum k liegt hier oberhalb, der Warenbaum w wieder unterhalb.

Die Maschine wird wie die gewöhnliche Strickmaschine (Fig. 115) mit zwei gegeneinanderstehenden Nadelreihen ausge-

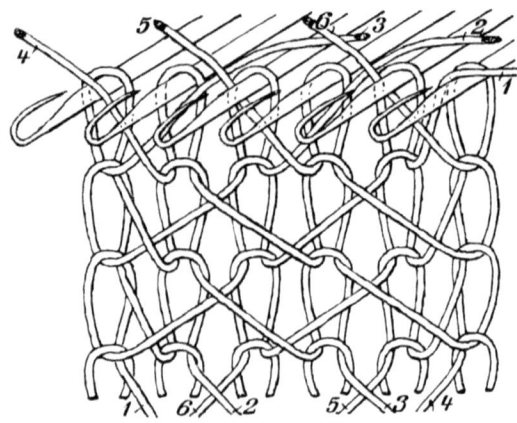

Fig. 120. Gestrick mit schräg verlaufender sich kreuzender Maschenbildung (Kreuzwirkware).

führt, was auch Fig. 119 zeigt, und erzeugt dann Kettengestricke mit längsgeschränkten Maschen, entsprechend dem Fadenbindungsbilde Fig. 33. Das Kettengestrick oder die Kettenware erhält dann ein beiderseitig gleiches Aussehen und nennt man diesen Kettenstrickstuhl, leider ohne jeden Hinweis auf die Art des Arbeitens, also willkürlich Raschelmaschine sowie Fangkettenstuhl, obwohl hier nur ein Legen der Maschen und kein Fangen eines eingedrückten Fadens, wie in Fig. 111, stattfindet.

Das Fadenbindungsbild Fig. 34 rechts mit abwechselnden Schlingen und Schleifen in den verbundenen Fadenketten zeigt einen schrägen und Zickzackverlauf der gebundenen Maschen.

Die Herstellung der Maschenbindungen. 83

Eine Doppelung dieser Bindung, wobei zwischen die nach Kettenart verbundenen Schlingen nach entgegengesetzter Richtung verlaufend gebundene Schleifen- oder Maschenreihen geschoben werden, ergibt eine Fadenbindung nach Fig. 120, die sich als ein Gefüge von zwei Gestricken mit schräg verlaufenden und sich kreuzenden einseitigen Maschenketten darstellt. Der Stoff, also das dichte Fadengefüge, zeigt auf der sog. rechten Seite, d. i. der Hinteransicht von Fig. 120, die aneinanderliegenden Ketten des Bildes gewöhnlichen Kettengewirkes Fig. 32 rechts

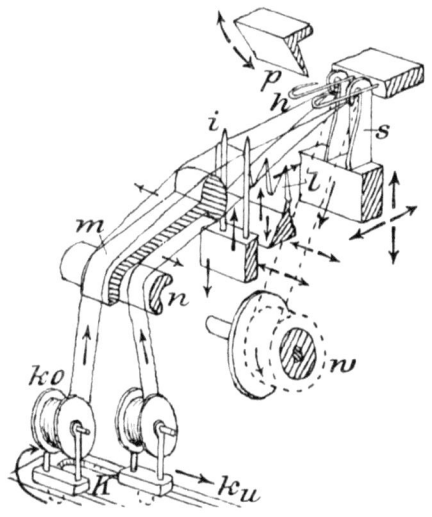

Fig. 121. Einrichtung des Kreuzwirkstuhles
(Milanese-Stuhl).

und auf seiner Rückseite Fadenkreuze und zeichnet sich infolge des gewissermaßen doppelten Fadengefüges wie die einfache Kettenware durch gute Haltbarkeit ohne Faserlösung beim Zerschneiden aus. Die Herstellung erfolgt auf einem nur bezüglich der Fadenleger abgeänderten Kettenwirkstuhl, der folglich nach Fig. 121 feststehende Hakennadeln h und hakenförmige Maschenhalt- und Vorschubscheiden s und eine schwingende Nadelpresse p besitzt. Wie aus Fig. 120 hervorgeht, wandert bei der Maschenbildung die Hälfte der zu bindenden Fäden (*1* bis *3*) nach rechts, die andere Hälfte (*4* bis *6*) nach links und wieder zurück, die

6*

Maschen sind also in jeder Arbeitsreihe abwechselnd nach rechts und links zu legen. Dieser Maschenverlauf erfordert ein Hin- und Herwandern der Kettfäden in der Breite des Gewirkes, wozu die dazu benutzten Spulen ko und ku, auf denen nur einige Kettfäden gewunden sind, in den Gabelgliedern einer endlosen Gelenkkette K ruhen, die in einem flachgedrückten Kreis hin- und herläuft. Das Legen der Maschen erfolgt nach dem Vorbilde Fig. 72 bei d durch Ausheben, über die Nadeln Hinwegführen, und Wiederniederlassen der Fäden durch der Nadelteilung entsprechend gezackte, diese Bewegungen ausführende Schienen l, die unter die Fäden greifen, und die die Fadenteilung sichernden, ebenso bewegten Nadelkämme i. Die beiden Kettfadenhälften gleiten auseinandergenommen bei ihrer seitlichen Verschiebung über den Schienen m und n und die Faden der oberen Hälfte fallen am linkseitigen Ende der Schiene m auf die Schiene n ab und werden am anderen Ende der letzteren dann durch einen Heber wieder auf die obere Schiene m gelegt. Bei diesen Bahnen des seitlichen Fadenlaufes findet selbsttätig die Fadenlegung zur Bildung der Schlingmaschen an den Rändern des hergestellten Stoffes statt, der durch den Baum w abgezogen auf diesen gewickelt wird.

Den beschriebenen, ein **Kreuzgewirk** erzeugenden Stuhl nennt man ganz arbeitskennzeichenlos **Milanesestuhl**, er ist als **Kreuzgewirkstuhl** zu bezeichnen. Die Stühle werden bis zu 4,5 m Arbeitsbreite gebaut und wirken etwa 70 Reihen minutlich.

XII. Das Weben mit Kettfadenverschlingung.

Für die Ausführung der Verschlingung oder Schränkung von Kettfäden beim Weben gibt es eine Anzahl verschiedener Vorrichtungen. Zunächst wird das Webstuhlgeschirr dazu eingerichtet und zwar für die Bindung, wo von den beiden nebeneinanderlaufenden Kettenfäden, nach Fig. 50 bei c, der eine als ruhend angenommen werden kann, während der andere, abwechselnd rechts und links davon, die Schußfaden schleifenartig umfaßt. Gegenüber der Darstellung der Fadenbindung in Fig. 50 ist für die Erzeugung anzunehmen, daß der eine der beiden Kettfäden gerade verläuft und nur der zweite Faden bewegt wird, um abwechselnd rechts und links des ersteren gebunden zu werden.

Das Weben mit Kettfadenverschlingung. 85

Es handelt sich also um einen Ruh- oder Steh- und einen Schleifen- oder, wie man hier sagt, Schlingfaden, und deshalb wird bei der in Fig. 122 gezeigten, als Drehergeschirr bezeichneten Einrichtung dieser Faden s der Öse einer Litze zugeführt, die schleifenförmig an den Schaftstäben 1 und 2 hängt und den Ruhfaden k in sich faßt, wie die Ruhestellung im Bild a zeigt.

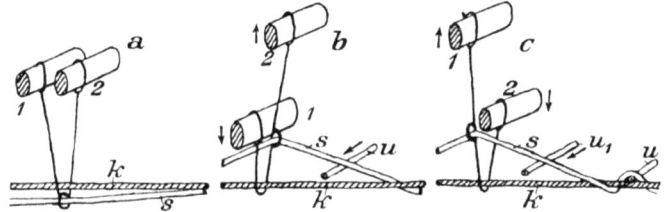

Fig. 122. Vorrichtung zur Kettendrehung mit abwechselnder Schafthebung.

Wird der Schaftstab 2 ausgehoben, so bildet sich das Webfach, also die Schleife für den Schußfaden u rechts, wie das Bild b zeigt, und andernfalls links nach dem Bilde c. Es wird folglich nur mit einseitigem Fach oder Oberfach gewebt, doch ist auch das Weben mit Doppelfach möglich, wenn die Litzenschleife dies zuläßt.

In gleicher Weise kann beim gewöhnlichen Drehergeschirr der Schlingfaden durch eine Litzenschleife gefaßt werden, welche durch die Doppelöse einer oben und unten gehaltenen Schaftlitze geht, so daß einesteils die mitgehobene Schleife das Ausheben des Schlingfadens durch den gewöhnlichen Webschaft gestattet, anderenteils beim Heben des Schleifen-

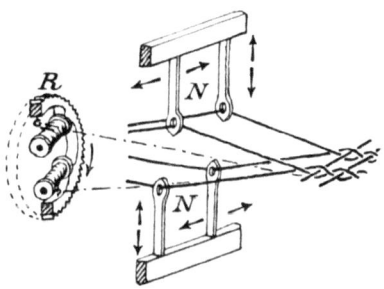

Fig. 123. Ausführung der Dreherbindung mit Nadelkämmen und Zwirnvorrichtungen.

schaftes der Faden auf die andere Seite des Ruhfadens mitgenommen wird. Das gewöhnliche Webstuhlgeschirr kann also für die Herstellung der Dreherbindung noch ein zweites Vordergeschirr, das besondere Drehergeschirr, erhalten, welches somit auch nachträglich als Zugabe einrichtung am Webstuhl anzubringen ist.

86 Herstellung der einfachen Fadenverbindungen oder Grund-Bindungen.

Zur Ausführung der gegenseitigen Kettfadenverschlingung werden nach Fig. 123 gegeneinander gerichtete Nadelkämme N verwendet, die durch seitliche Verschiebung abwechselnd zu beiden Seiten gegeneinander einstechen oder es werden auch, wie in Fig. 123 mit angegeben ist, die Kettfadenspulen in einem schwingenden Rahmen R gelagert. Wenn dieser Rahmen sich dauernd in einer Richtung dreht, findet ein Zwirnen der beiden Kettenfäden statt, also eine Vereinigung des Webens und Zwirnens, und die beim Zwirnen entstehenden Fadenschlingen werden zur Bindung von Querfäden benutzt.

XIII. Die Herstellung der Fadenbindungen mit Umschlingung von Stützfäden.

1. Vorbemerkung. Bei den Bindungen Fig. 52 his 61 handelt es sich um eine Querverbindung der Fäden einer Reihe durch einen diese nacheinander umschlingenden Faden oder die Verbindung von zwischen den Fäden einer Reihe hin- und hergehenden Querfäden mit diesen Längsfäden mit Einschlingung durch einen besonderen Faden. Das Wesentliche für die Herstellung der Bindungen ist also die Umschlingung der in einer Reihe stehenden Längsfäden, die man Ruh- oder Stehfäden und Stützfäden nennt, mit bewegten Fäden, den Schlingfäden. Da der enge Stand der ersteren Fäden eine Umkreisung mit letzteren nicht zuläßt, erfolgt der Umlauf des Schlingfadens nach dem Vorbilde Fig. 72 bei k, m, wo die Querbewegung des Vierecklaufes der zu umschlingende Stehfaden übernimmt, der Schlingfaden also nur die Durchbewegung der Stehfadenreihe auszuführen hat. Dieser Fadenumschlingungsvorgang geht aus der Fig. 124 in seinen verschiedenen Fadenstellungen hervor, und müssen wegen des, trotz des seitlichen Ausschwingens der Stützfäden *1* bis *3* immer noch geringen Durchgangsöffnung als Garnträger flache oder Scheibenspulen S nach Fig. 73 bei h benutzt werden. In Fig. 124 ist bei a die Ruhestellung gezeichnet, wo vor den drei Stützfäden, von denen der mittlere Faden *2* von dem Faden s umschlungen werden soll, die Spule S desselben vor der Fadenreihe steht. Zur Rechtsumschlingung muß die Spule S linksseitig des Fadens *2* hinter denselben gehen und für den leichten Durchgang gehen, wie bei b gezeigt ist, die Fäden *1* und *2* seit-

Die Herstellung der Fadenbindungen mit Umschlingung von Stützfäden. 87

lich auseinander. Steht die Spule S nach dem Bild c hinten, so wechselt die Stellung des Stützfadens 2. Die Fäden 2 und 3 gehen auseinander und in deren Zwischenraum kommt die Spule S wieder nach vorn, wie das Bild d zeigt, dabei also die halbe Schlinge ausführend. Wenn sich dann wieder der Raum zwischen den Faden 1 und 2 öffnet und nach dem Bilde e die Spule darin zurückgeht, wird die Umschlingung fertig.

Die so hergestellte Umschlingung ergibt aber eine längliche Schraubenwindung des Schlingfadens und zur gewünschten Querumschlingung ist daher diese Windung zusammenzuschieben. Hierzu tritt während der Bildung der Umschlingung eine Nadel n zwischen den Stütz- und den Schlingfaden und schiebt bei ihrem Hochgange die Windung des letzteren vor sich her, wie die Bilder e und f zeigen.

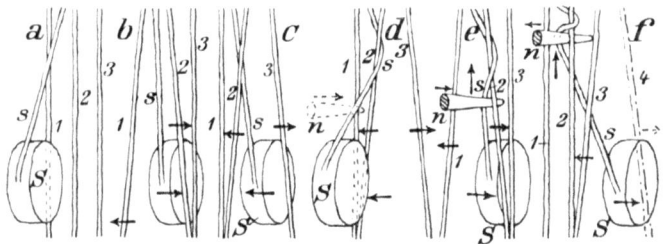

Fig. 124. Darstellung der Fadenumschlingung für die Bindungen mit Stützfäden.

Zur Fortsetzung der Umschlingungen auf demselben Stützfaden wiederholt sich dieses Arbeitspiel, zur Fortsetzung der Umschlingungen auf dem nächsten Stützfaden S in deren Reihe wandert die Spule S erst zum nächsten Stützfaden, wie bei f gezeigt ist, um dann das beschriebene Spiel zuerst mit Vorgang der Spule S wieder auszuführen.

2. **Das Tüllweben.** Das Bindungsbild des Tüll in seiner Entwicklung, Fig. 51, zeigt eine Verbindung von Längsfäden durch hin- und hergehende, diese und sich selbst umschlingende Querfäden, also eine Bindung senkrechter Fäden durch Querfäden, wie sie sich im Gewebe vorfindet. Auch die Maschine zur Tüllherstellung, der Tüllstuhl zeigt in seiner Arbeit kennzeichnende Merkmale des Webens: Fachbildung, Eintragen und Anschlagen des Schusses, so daß man die Tüllerzeugung auch Tüllweberei

88 Herstellung der einfachen Fadenverbindungen oder Grund-Bindungen.

nennen kann. Die Arbeitsmaschine derselben, den Tüllwebstuhl veranschaulicht in seinen arbeitenden Teilen Fig. 125, in der gleiche Buchstaben gleichwertige Teile der Webstuhlfigur 94 bezeichnen. Die Stützfädenreihe ist auf den Kettbaum K gewickelt und bis zum Streichbaum w, an dem die Fadenbindung sich fertig vollzieht, ausgespannt, von wo der fertige Tüll auf dem Baum W gerollt wird. Die Stützfäden gehen durch die Nadeln der von den unrunden Scheiben 5 bewegten Schienen s, die Schäfte, deren gegenseitige Verschiebung das Fach für den

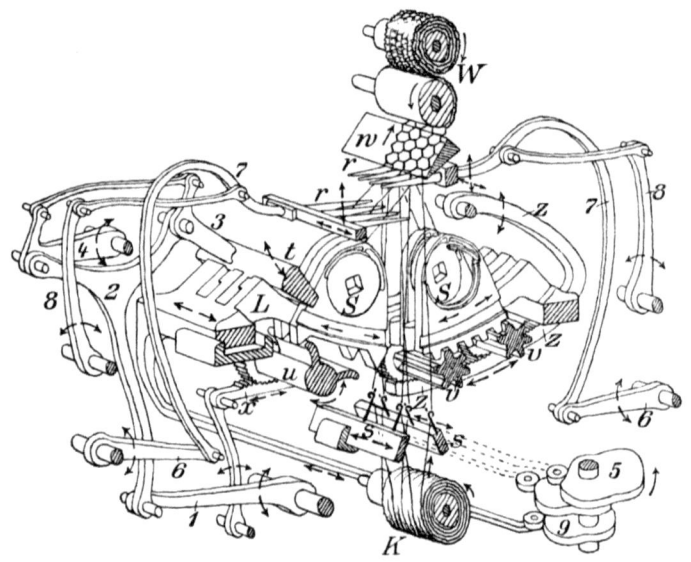

Fig. 125. Einrichtung des Tüllwebstuhles.

Durchgang der Schützen S bildet. Die Schützen werden zwischen den kammartig aneinander sitzenden Bogenstücken L, den Laden, geführt, sie sind flach und die Scheibenspulen werden in denselben durch einen unteren in den Scheibenumfangschlitz eingreifenden Rand und eine ebenso eingreifende Aufliegfeder f gehalten. Der Spulenfaden geht durch ein Loch an der Spitze des Schützens zur Bindungsstelle, gegen welche die Schützen mit den Schlingfäden eine pendelnde Bewegung annehmen, wobei in der mittleren Unterbrechung der Führungslängen, in der die Kette

Die Herstellung der Fadenbindungen mit Umschlingung von Stützfäden. 89

steht, der Fachwechsel stattfindet. Die von beiden Seiten zwischen die Stütz- und Schlingfäden eintretenden Nadelkämme r sind die Riete, welche den Schuß anzuschlagen haben, und sie führen zum straffen Anzug der Fadenschlingen in ihrer höchsten Stellung eine kleine seitliche Querverschiebung aus, wie sie anderenteils auch eine Stütze für Kreuzbildung der gegenseitig laufenden Schlingfäden abgeben, was beides Fig. 126, welche drei Arbeitsstellungen der Fadenverbindung zeigt, für die erste Tätigkeit links, für die letztere rechts veranschaulicht.

Besonders beachtenswert ist die Schützenbewegung, da dieselbe den zwei verschiedenen Tüllstuhlbauarten ihre Kennzeichnung gibt. Die Schützen müssen, da die Kette einen Mitdurchgang von Bewegungsteilen nicht gestattet, wie beim Webstuhl durch das Fach getrieben werden. Nach der einfacheren

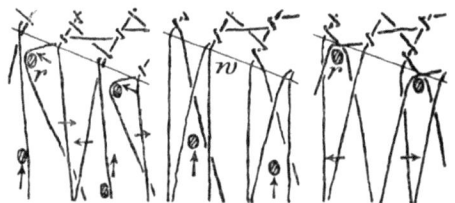

Fig. 126. Arbeitstufen der Herstellung des Tüll.

Einrichtung erhalten die Schützen am unteren, unter dem Führungsbogen vorstehenden Raum eine Verzahnung, in welche die gleich gezahnten Wellen v eingreifen, durch deren Schwingung die Schützen mit Abrollung des Zahnbogens gegen und in das Fach geschoben werden, um auf der anderen Seite der Kette durch gleiche Zahnrollen gefaßt vollends durch das Fach gezogen und in der Endstellung durch die nun ruhenden Zahnwellen festgehalten werden. Man kann daher von Rollschützen sprechen und die Maschine Rollschützentüllstuhl nennen. Derselbe wird meist für die gröberen Tülle die sogen. Erbstülle mit größeren Netzöffnungen, also weiterer Stützfadenstellung angewendet. Bei der zweiten Stuhlart, der mit Stoßschützen, die besonders wegen der damit erzielten ruhigen Bewegung für die feineren Tülle angewendet wird, werden, wie in Fig. 125 linksseitig dargestellt ist, die Schützen S durch innerhalb des Ladenbogens zu beiden Seiten der Kette schwingende Schienen t in das Fach geschoben und auf der anderen Seite durch die darunter liegenden schwingenden Flügelwellen u, deren Flügel unter Endspitzen an den Schützen greifen, aus dem Fach herausgezogen und dann festgehalten.

Für das seitliche Fortschreiten der Schlingfäden muß die eine Schützenführung oder Lade in der Aufnahmestellung der Schützen um die Stützfadenteilung verschoben werden, was durch die mit den Schaftscheiben 5 auf einer Achse sitzende unrunde Scheibe 9 bewirkt wird. Die Bewegung der übrigen Teile erfolgt von einer Antriebswelle aus durch unrunde Scheiben, so daß eine Umdrehung jedesmal dem Schützendurch- und Rückgang entspricht, der neben der Stützfadenumschlingung auch zur Bildung der die Faden schränkenden Kreuzung der Schlingfäden nötig ist. Diese unrunden Scheiben erteilen den schwingenden Zahnbogen z für die Zahnwellen v oder der Rollzahnstange x für die Flügelwellen u, sowie den Hebeln 1 und 6, von denen aus unter Vermittelung von Gegenlenkern die erforderliche Bewegung der Stoßschienen t und der Nadelkämme r erzielt wird, ihre Bewegung. Die Antriebswelle des Stuhles macht etwa 65 Umdrehungen minutlich, so daß auch diese Zahl Schützenläufe zur Schlingenbildung erzielt wird. Die Tüllstühle werden für eine Stoffbreite von 3,6 m und darüber gebaut. Die Anzahl der Schützen eines Stuhles beträgt dann mehrere Tausend.

3. Die Herstellung von Netzstoffen mit Schlingverbindung von Stütz- und Zwischenfäden. Eine ganz ähnliche Einrichtung wie der Tüllstuhl besitzt auch die Maschine zur Herstellung von Netz- oder Schleierstoffen mit an Stützfäden durch Schlingfäden gebundenen zwischen diesen hin- und hergehenden Querfäden entsprechend den Bindungsbildern Fig. 59 bis 61, den Stoffen für Fenstervorhänge, Schleier, Stickereigrund und dergl. Auch hier sind nach Fig. 127 pendelnde in geteilten Bogenführungen B laufende Schützen S für die Schlingfäden s vorhanden. Diese Führungen oder, wie bemerkt, Laden L sind aber hier zulässig unten geschlossen, weil die Schützenbewegung oberhalb durch ein weiteres Mittel, nämlich die in Ansatzhaken der Schützen fassende auf und ab und mit ihrer Tragwelle seitlich schwingende Schienen t erfolgt, welche die Schützen auf einer Seite stoßend ins Kettenfach schieben, auf der andern Seite aus diesem heraus-

Die Herstellung der Fadenbindungen mit Umschlingung von Stützfäden. 91

ziehen, und denen durch Hebelverbindungen, wie in Fig. 125 links *1* bis *4*, die Bewegung im Ladenbogen und durch eine weitere gleiche Schwinghebeleinrichtung die Bewegung zum Loslassen und Einhaken der Schützen erteilt wird. Auch die Nadelkämme *r* zum Zusammenschieben und Halten der Fadenumschlingungen sind vorhanden und erhalten ihre Bewegung wie in Fig. 125.

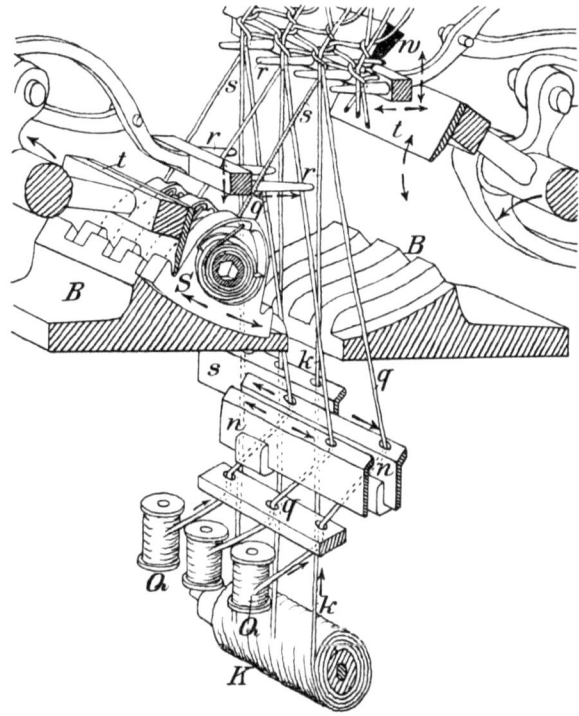

Fig. 127. Arbeitsteile des Stuhles für Vorhang-, Netz- und Schleierstoffe mit zwischen Stützfäden durch Umschlingung gebundenen Querfäden.

Die Stützfäden *k* kommen vom Kettenbaum *K* und sind zwischen diesem und der Arbeitskante am Streichbaum *w* in der Schiene *s* geleitet, ausgespannt. Die hin- und hergebundenen Zwischenfäden *q* kommen von den Spulen *Q* und werden durch die Schaftschienen *n* für die entsprechende Umschlingung zum rechten oder linken Stützfaden eingestellt. Die Bewegungseinrichtung dieser

Schäfte erfolgt in gleicher Weise durch seitliche Hubscheiben wie beim Tüllstuhl und auf der senkrechten Welle derselben stecken auch gleiche Scheiben für die Verschiebung der Stecher r zum Schlingenanzug wie vorher.

Es dürfte bei Beachtung der beschriebenen Arbeitsvorgänge verständlich werden, daß auf den beschriebenen beiden Stuhlarten, Fig. 125 und 127, auch gegenseitige Verschlingungen von zwei Fäden bei Weglassung der Stützfäden und alleiniger Tätigkeit der Schützen und Laden nach den Bindungsbildern 40 sowie 46 bis 49 hergestellt werden können, wie auch die Webbindung und die Bindung nach Fig. 63, wenn ein Querfaden, während des Wechselns der Schützen in den Laden, eingelegt wird. Durch die mit den Längspendeln der Schützen und der Querverschiebung der Schützenlängsbahnen erzielte viereckige Schützenbewegung wird eine ganze und halbe Kreisung, also die Bildung von Schlingen und Schleifen nach Fig. 72 ermöglicht, die sich vielseitig anwenden läßt und mit den Flechtarbeiten der verschiedensten Art nach den Bindungsbildern in den Fig. 39, 40 und 46 bis 49 auszuführen ist. Die beschriebenen Stühle werden daher auch oft als Flechtmaschinen angesehen. Auch hier ist wieder zu finden, wie Garnverarbeitungsmaschinen für die Herstellung verschiedenartiger Fadenverbindungen gleich geeignet sind, wie also diese betrachteten Maschinenarten in ihrem Wesen ineinandergreifen, denn es handelt sich immer um eine anders erfolgende Ausführung der als Grundeinheit der Bindungen bestehenden Schleifen und Schlingen zueinander.

XIV. Das Knoten.

Bei der Bildung von Knoten besteht zunächst ein Unterschied darin, ob die Bildung am Fadenende oder im Fadenverlauf stattfindet. Im ersten Fall dient der Knoten gewöhnlich zur Verbindung zweier Fadenenden, um einen gerissenen oder abgelaufenen Faden wieder anzuknüpfen, im zweiten Fall, um im Netzwerk einen anderen Faden einzuschließen. Für die vielfach verschiedenen Knoten nach den Bindungsbildern Fig. 35 bis 38 und 41 bis 45 gibt es nun noch nicht für alle durchweg mechanisch bewegte Vorrichtungen, obwohl sich solche unter Verfolgung der Bindungsentwicklung und Benutzung der hauptsächlichen

Das Knoten. 93

Bindungswerkzeuge, des Schützens und der Hakennadel, herstellen lassen. Für zwei Knotenarten, den einfachen Schlingknoten Fig. 41 und die Schlingen- und Schleifenbindung Fig. 35 e, den sogen. Fischerknoten, gibt es aber bereits verschiedene Bildungsvorrichtungen, von denen je eine als Lösungsbeispiel der vorliegenden Aufgabe nachfolgend betrachtet ist.

Wie der einfache Schlingknoten zur Endenverbindung benutzt wird, zeigt das Bindungsbild Fig. 128. Aus den beiden zuzammengelegten Enden wird ein Doppelfaden gemacht, mit welchem das Knoten vorgenommen wird. Dieses Bild zeigt den Knoten in den gedoppelten Fadenenden lose, welcher dann durch Auseinanderziehen der verbundenen Fäden festgezogen und damit haltbar wird. Für die Betrachtung genügt die Bildung des losen Knotens im einfachen Faden, wie sie an einem Fadenknüpfer oder Knoter in verschiedenen Arbeitstufen in Fig. 129 dargestellt ist. Das Fadenende f, bezw. das Ende des Doppelfadens wird in den dasselbe klemmenden Greifer g eingelegt, der nun, wie im Bild a punktiert angegeben ist, eine Kreisbewegung um das Rohr r ausführt und so auf diesem eine Fadenschlinge bildet, wie sie im Bild b fertig gezeigt ist. Eine weitere Umkreisung mit Vorgehen des Greifers auf dem Rohr r legt das Fadenende in den Klemmhaken i eines im Rohr r verschiebbaren Stiftes, und ist auf dem Rohr r auch der Ring a verschiebbar. Wenn nun im Bilde c der Haken i in das Rohr gezogen und gleichzeitig der Ring a vorgeschoben wird, wirft dieser die auf dem Rohr sitzende Fadenschlinge ab, und das Fadenende wird durch die Schlinge

Fig. 128. Endknoten im Doppelfaden.

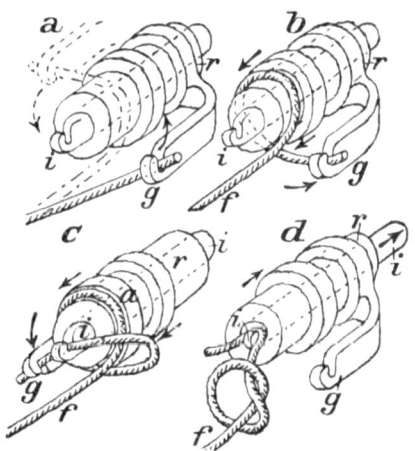

Fig. 129. Herstellung des einfachen Schlingknotens am Fadenende.

94 Herstellung der einfachen Fadenverbindungen oder Grund-Bindungen.

nach hinten gezogen, so daß, wie das Bild d zeigt, der Schlingknoten lose gebildet ist, den ein Anziehen des vorn gehaltenen Fadens f festzieht bis das Fadenende durch Ausstoßen des Hakens i auch frei gegeben wird.

Die beschriebene Einrichtung, deren es mit Greifern arbeitende noch andere gibt, dient mit Ausführung der beschriebenen Bewegungen durch Handgriffe als Handwerkszeug bei der Bedienung von Garnverarbeitungsmaschinen, und werden solche Knotenbildner auch in Maschinen benutzt, welche eine Reihe von Fäden anzuknüpfen haben, so bei allen Maschinen, die eine sog. Kette verarbeiten, wo nach Ablaufen des Baumes ein neuer voller Kettenbaum einzulegen und der Anfang der neuen Fäden mit dem Ende der verarbeiteten durch Anknüpfen zu verbinden ist.

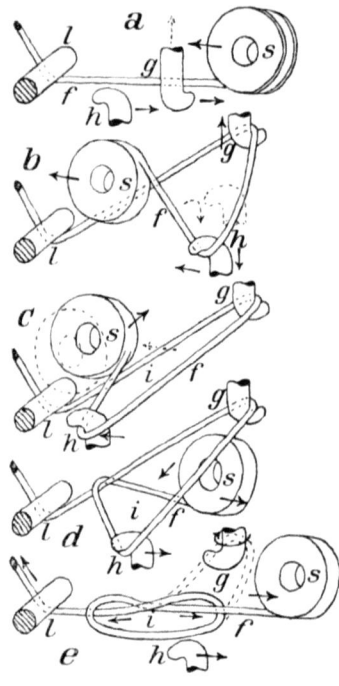

Fig. 130. Bildung des einfachen Schlingknotens im laufenden Faden.

Zur Bildung des Schlingknotens im Fadenverlauf ist ein Durchstecken des einen Fadenteiles der Schlinge mit seinem Garnträger nötig. Diese Arbeit geht aus den die Stufen derselben darstellenden Bildern der Fig. 130 hervor. Den nach dem Bilde a zwischen der Leitstange l und der Spule s ausgezogenen Faden f erfassen die Hakengreifer g und h, und bei dem Rückgang der Spule nach der Leitstange zu bildet sich eine Fadenschleife, wie das Bild b zeigt, welche dann durch eine Querbewegung der Spule s entlang der Stange l nach dem Bilde c zu einer Schlinge wird. Den Rücklauf nimmt nun die Spule durch diese zwischen den Greifern ausgespannte Schlinge i (Bild d), und wenn die Schlinge durch Rückgehen des Greifers h und Verdrehung des Greifers g frei wird (Bild e), ist die Schlinge i lose fertig, die dann durch Vorgehen der Spule s und Rückziehen des Fadens f über die Leitstange l zum Knoten zu schließen ist.

Die Einrichtung einer Maschine zur Herstellung von geknüpften Netzen mit schrägen Durchbrechungen nach Fig. 42, wobei die vorstehend beschriebene Knotenbildung benutzt ist, zeigt Fig. 131. Das Netz besteht aus Fadenketten und im vorliegenden Fall aus abwechselnd einer gegenseitig ausragenden Schlingen- und Schleifenkette nach Fig. 37, deren Verbindung untereinander den Knoten nach dieser Figur bei e ergibt. Das Netz in die Länge gezogen, also mit gleichgerichteter Lage der Schleifen- und Schlingenfäden, in welcher Lage es hergestellt

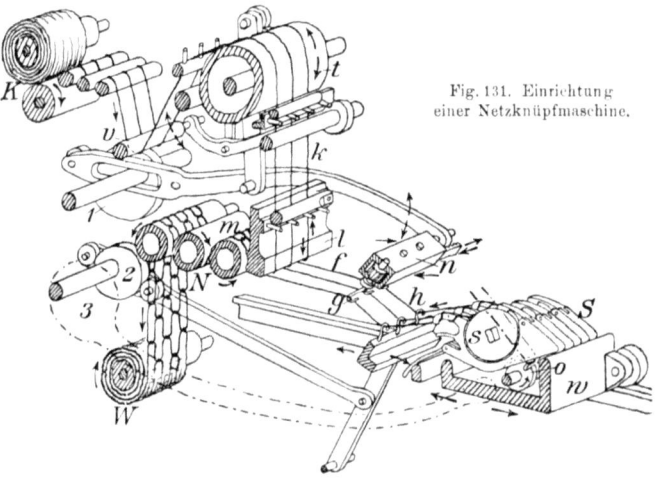

Fig. 131. Einrichtung einer Netzknüpfmaschine.

wird, zeigt Fig. 132 mit losen und festgezogenen Knoten. Bei dem gestrichelt gezeichneten Schleifenfaden k wird die Schleife durch den zuerst durchgesteckten Schlingfaden f umschlungen und der Schlingfaden dann über der Schleife durch seine Schlinge zurückgesteckt, welcher Vorgang aus der unten lose gezeichneten Fadenbindung verfolgt werden kann. Zum Anziehen des Knotens werden Schleifen- und Schlingfaden zurückgezogen, wie die Pfeile zeigen, und der Knoten wird abwechselnd recht- und linkseitig gebildet.

In der Netzknüpfmaschine (Fig. 131) sind die Schleifenfäden k auf dem Baum K gewickelt und gehen über die an

Schwinghebeln sitzende Stange v und die um ihre Achse schwingende Trommel t in entsprechendem Abstande voneinander geführt zur festen Leitschiene l, an der die Fadenbindung stattfindet und zu der die Schlingfäden von den, in den Schiffchen S gehaltenen Scheibenspulen s kommen. Die Schiffchen oder auch Schützen ruhen in einem wagerecht rollenden Wagen w, der von der Kurbelscheibe 3 aus- und eingeschoben wird, und die Greifernadeln g und h sitzen an schwingenden Schienen, die von den unrunden Scheiben 1 und 2 gesteuert werden. Die Greiferhaken g werden durch aufgesteckte kleine Zahnräder mit Hilfe einer in der Tragschiene n liegenden verschiebbaren Zahnstange gedreht, und das geknüpfte Netz N wird von der Leitschiene l, über die den Widerhalt beim Fadenanzug durch die Greifer sichernden Walzen m geleitet, vom Baum W aufgewickelt. Zunächst sind von der Schiene l weg die Schlingfäden f von den Greifern g, h gehalten und die oberen Greifer g gehen gegen die Schiene l, um die zu diesem Zweck von der nachgebenden Stange v und vorlaufenden Trommel t nachgelassenen Schleifenfäden k zu erfassen und in Schleifen mit vorzuziehen, so daß die Schützen, die vorher mit nach hinten gegangen sind, durch diese Schleifen nach vorn zurückgehen. Den Durchgang der Schützen, die dazu auch vorn spitz geformt sind, erleichtert eine Welle im Wagen mit eingekerbten Scheiben o. In diese Kerben treten, wie punktiert angedeutet ist, die Schleifen ein und werden durch Vordrehung der Welle nach hinten geleitet, so daß die Schlingen leichter über die Unterkante der Schützen gleiten. Wenn der Wagen w mit den Greifern h wieder zur Schiene l gegangen und seitlich verschoben worden ist, findet beim Rückschieben der Durchgang der Schützen zur Schlingenbildung statt. Die Schleifenfäden werden dann durch Rücklauf der Trommel t und Einfallen der Stange v wieder zurück- und die Knoten festgezogen.

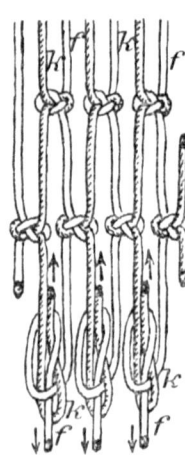

Fig. 132. Bindungsbild des Knotens bei der Netzknüpfmaschine mit längsgezogenem Netz.

Solche Netzknüpfmaschinen werden von 6 bis 16 mm Teilung der Schiffchen mit bis 600 Schiffchen bei der feineren Teilung, also für 3,6 m Stoffbreite, wenn das Netz in die Länge gezogen ist gemessen, gebaut. Es gibt dies bei etwa 8 mm Weite der Netzöffnungen eine Netzbreite von etwa 5 m. Minutlich können 10 bis 15 Knoten geknüpft werden.

XV. Gemeinsame Einrichtungen der Garnverarbeitungsmaschinen.

Die verschiedenen Garnverarbeitungsmaschinen haben eine Anzahl Einrichtungen gemeinsam, deren einheitlicher Grundgedanke nur in der Ausbildung gleichwertiger Hilfsmittel Unterschiede ergibt. Die Beleuchtung dieser leitenden Grundsätze unterstützt daher das Verständnis aller besprochenen Maschinen, deren bezügliche Einrichtungen auch bisher nicht erwähnt wurden.

1. **Fadenspanner.** Eine besonders wichtige Rolle bei der Herstellung der Fadenverbindungen spielt die Spannung der erzeugenden Fäden. Je nach dieser Spannung werden die Bindungsschleifen und -schlingen lose oder straff und die Bindung locker oder fest, der Stoff also hohl oder dicht und fest. Die zu den Verarbeitungsstellen gehenden Fäden haben deshalb durch eine Vorrichtung zu gehen, die ihnen die erforderliche Spannung erteilt. Dies erfolgt dadurch, daß dem Faden bei seinem Durchzug ein Bewegungshindernis entgegengestellt wird, das zu überwinden ist. Dasselbe ist einesteils die Reibung des Fadens selbst an festen Stücken oder die Reibung von ihm mitgenommener Teile, andernteils die Überwindung der Einwirkung eines Ablenkungsmittels für den Fadenauflauf. Eine Zusammenstellung solcher Hilfsmittel gibt Fig. 133 in den Fadenspannvorrichtungen a bis k.

In einfachster Weise wird nach a der Faden über Leitstangen t geführt, so daß er, je nach deren Lage zum Fadenlauf und deren Zahl, dieselben darüber hinweggleitend einschließt, und eine verschieden lange Gleitfläche entsteht, deren Reibung am Faden überwunden wird. Je nach der Umspannung wird der durch den Fadenzug ausgeübte Druck auf die Gleitflächen größer oder geringer. Zur Vergrößerung der Reibung wird nach b durch einen besonderen Streichbaum u die Gleitfläche größer, und diese kann durch eine besondere rauhe Auflagfläche in der Reibungswirkung verstärkt werden. Letzteres wird nach c auch vermittelt

98 Herstellung der einfachen Fadenverbindungen oder Grund-Bindungen.

in der Führung des Fadens zwischen zwei aufeinander gedrückten, auf den Innenseiten rauhen Leisten l und das hier an ruhenden Stellen erfolgende Gleiten, das stärkeren Widerstand gibt, erfährt eine Änderung der Reibwirkung durch im Gleitumfang verstellbare, sonst feste oder ruhende Gleitwalzen und nach d durch vom Faden mitgedrehte gegeneinander durch die Feder i gedrückte Scheiben, zwischen denen der Faden durchgeht und die dann neben der das Garn angreifenden gleitenden Reibung gewissermaßen eine rollende Reibwirkung ausüben. Diese rollende, das Garn schonende Reibung wird auch in der Leitung des Fadens

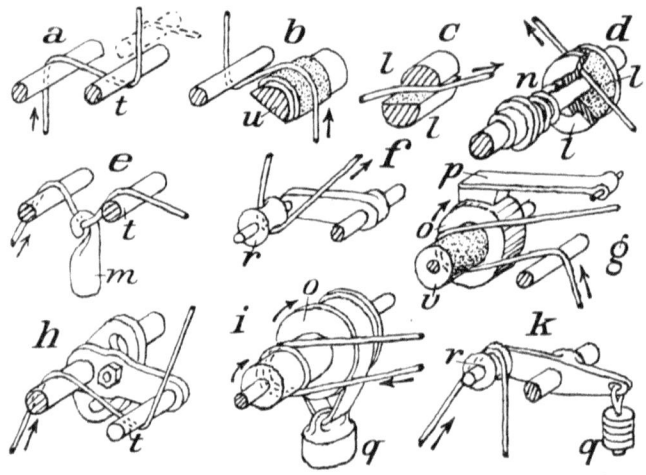

Fig. 133. Einrichtungen zur Fadenspannung.

über drehbare rauhe Walzen angewendet, und der sonst in der Bewegungsträgheit der Walze liegende Widerstand wird durch eine Bremsung derselben, entweder mit umgelegtem Gewichtsband q nach i, oder eine Backenfeder p nach g, in gewünschtem Maße vergrößert.

Das vom Fadenzug zu überwindende Ablenkungsmittel zeigt nach e in einfachster Weise das Einhängen eines Gewichtes m zwischen den Leitstangen t, so daß die Fadenspannung das Gewicht in der Schwebe erhält. Zum Ersatz der gleitenden Fadenreibung im Gewichtsheben wird die rollende Reibung nach f durch eine Leitrolle r ersetzt, die an einem Hebel drehbar sitzend in

Gemeinsame Einrichtungen der Garnverarbeitungsmaschinen. 99

sich selbst das Gewicht abgibt, dessen Zugwirkung noch durch ein angehängtes Gewicht verstärkt werden kann.

Die Regelung der Fadenspannung erfolgt somit durch Veränderung der Reibungsgleitflächen oder durch Beschwerungsänderung. Dies zeigt auch die Einrichtung h, wo die zweite Leitstange t gegen die erste an einem um diese drehbar sitzenden Hebel einzustellen ist, so daß der umfaßte Umfangsbogen bei beiden Stangen verschieden wird, und nach k wird das Fadenspanngewicht q für verschiedene regelbare Belastung aus einzelnen Scheiben, deren Zahl verschieden sein kann, zusammengesetzt.

Unter Umständen ist auch eine Spannungsbegrenzung erforderlich. Der Faden kann in seinem Verlaufe durch Hindernisse eine Spannungserhöhung erleiden, die zum Reißen oder Bruch führen würde. Zur Vermeidung dessen wird nach Fig. 134 der über die, durch die Sperrscheibe z mit Klinke x festgehaltene Reibungsrolle geführte Faden noch über einen Stift t des Gewichtshebels der Klinke x geleitet. Das Gewicht begrenzt die Fadenspannung, indem dasselbe für gewöhnlich die Klinke im Eingriff erhält. Steigt die Fadenspannung über das gewollte Maß, so wird der Gewichtszug vom Faden überwunden und die Klinke ausgehoben,

Fig. 134. Fadenspanner mit begrenzender Freigabe.

was die Rolle s für genügende Fadenhergabe frei macht. Diese Einrichtung fand sich schon beim Flechtmaschinenklöppel.

2. Ablaßregler für Fadenreihen. Wie die beschriebenen Fadenspanner, die für Einzel- und Reihenfäden benutzt werden, hat auch, wie schon erwähnt wurde, die Größe des Fadennachlasses auf die Fadenbindung Einfluß, denn diese bestimmt auch die Fadenspannung. Für die Bildung der Bindungsschleifen und -schlingen ist je eine bestimmte Fadenlänge von der Festhaltestelle der Fäden herzugeben und die Einrichtungen, die dies besorgen, was namentlich für Fadenreihen oder -ketten nötig ist, nennt man Ablaßregler. Als einfachster derselben ist die Kettenbaumbremsung zu bezeichnen, denn diese bemißt, in ihrem Widerstande gegen die Drehung des Kettenbaumes, den durch die Kettenspannung bewirkten Abzug. Diese Einrichtung gibt Fig. 135. Über Randscheiben am Kettenbaum K sind Bänder b gelegt, die an einem Ende festgehalten, am anderen Ende

7*

100 Herstellung der einfachen Fadenverbindungen oder Grund-Bindungen.

von Hebeln h mit einstellbaren Belastungsgewichten g angezogen werden, so daß die Reibung der Scheiben an den umspannenden Bändern den Rückhalt der Kette gegen deren Abzug abgibt.

Die Überwindung der Reibung ändert sich mit dem Durchmesser des Kettenbaumes: ein größerer Durchmesser gibt für den Zug der Fadenkette einen größeren Hebelarm, also eine wirksamere Kraftäußerung ab, und deshalb muß eigentlich die Bremsung des Kettenbaumes mit dessen Kleinerwerden auch abnehmen. Man hilft sich dabei einesteils durch starke Kettenbäume, bei denen für eine bestimmte Kettenlänge die Umwickelungsschicht schwächer und somit der Unterschied in den Abzugsdurchmessern geringer wird, andernteils durch eine Änderung des Gewichtsangriffes, also Verschiebung der Gewichte g auf den Hebeln h, oder auch eine Veränderung der Reibefläche u. s. f. Dies hat zu einer großen Anzahl solcher Bremsvorrichtungen geführt, denen gegenüber die Einrichtung steht, den Kettenbaum durch kraftschlüssige Vorrichtungen zu drehen, so daß für jedes Arbeitspiel die erforderliche Fadenlänge nachgelassen wird. Wegen des sich verkleinernden Abwickeldurchmessers muß hier der jedesmalige Verdrehungswinkel zunehmend sein.

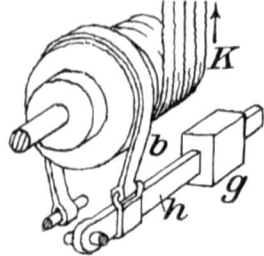

Fig. 135.
Einfache Kettenbaumbremse.

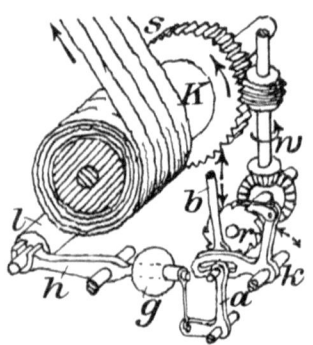

Fig. 136. Kettenablaßregler mit veränderlicher Kettenbaumdrehung.

Als Ausführungsbeispiel dieser Kettenbaum-Drehungsregler dient Fig. 136. Der Kettenbaum K wird durch ein Schneckenrad s von der Schneckenwelle w aus gedreht, welche vom Klinkenrad r aus mit Kegelrädern gesteuert wird, indem von der Antriebwelle des Stuhles aus durch die hin- und hergehende Stange b mit dem Winkelhebel k und der am anderen Arm sitzenden Klinke für jedes Arbeitspiel fortgerückt wird. Der Angriffspunkt der Stange b am Klinkenhebel k ist in einem Schlitz einstellbar und wird von

Gemeinsame Einrichtungen der Garnverarbeitungsmaschinen. 101

dem Winkelhebel a eingestellt, der von dem Hebel h der Fühlerwalze l des Kettenbaumes, die durch das Gegengewicht g im Andruck erhalten wird, seine Bewegung erhält. Mit dem Näherrücken der Fühlerwalze bei der Baumabwickelung gegen die Kettenbaumachse wird daher der Ausschlag des Klinkenhebels, also die Fortsteuerung größer. Es können natürlich auch andere Minderungseinrichtungen zur Drehungserteilung angewendet werden.

3. **Warenaufwickelungsregler.** Wie die vorstehenden Einrichtungen, haben auch die zur Regelung des Abzuges der hergestellten Bindungen, des Stoffes oder der Waren, Einfluß auf deren Gleichmäßigkeit, die sich deshalb an allen Maschinen, die den hergestellten Stoff aufwickeln, vorfinden. Zur Gleicher-

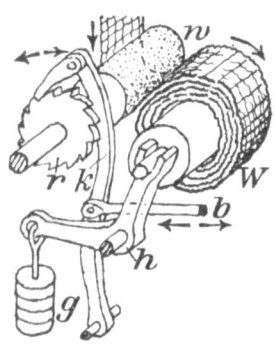 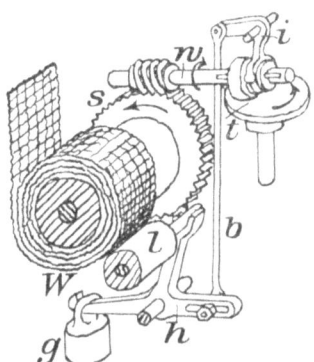

Fig. 137. Warenabzug mit Zugwalze und freier Aufrollung.

Fig. 138. Warenabzug mit Verdrehung zur Aufwickelung.

haltung des Warenabzuges besorgt denselben in einfachster Weise nach Fig. 137 eine Abzugwalze w, welche den Stoff durch ihre geeignet rauh gemachte, gegebenenfalls mit Nadeln besetzte Umfangfläche mitnimmt. Die Walze w wird wieder durch einen von der Garnverarbeitungsmaschine aus mittels der hin und her bewegten Stange b gesteuerten Klinkenhebel k und das Sperrad r gedreht. Die geförderte Ware wickelt sich durch freie Aufrollung auf den von der Walze w mitgenommenen Baum W, der in Hebeln h liegt und durch Gewichte g in Anlage an der Walze w erhalten wird.

Bei unmittelbarer Warenaufwickelung bedarf der Warenbaum auch einer veränderlichen Verdrehung, wofür eine Einrichtung Fig. 138 zeigt, die in ihrem Grundgedanken gleich der

Kettenablaßvorrichtung Fig. 136 ist. Bei der Warenaufwickelung wirkt die Fühlwalze *l* mit der Stange *b* und dem Winkelhebel *i* auf eine Verstellung des auf der Schraubenwelle *w* verschiebbaren Reibkegels, der von der ständig umlaufenden Scheibe *t* in Drehung versetzt wird. Auch für die Abzugregler können absetzend gesteuerte Drehungserteiler Anwendung finden.

Für die unmittelbare Warenaufwickelung gibt es noch eine Einrichtung zum **Warenabzug mit gleichbleibendem Gewichtzug**. Nach Fig. 139 trägt der Warenbaum *W* ein Sperrad *r*, in dessen Zähne die mehrfach vorhandenen verschieden langen Klinken *k* des von der Schlitzstange *b* nur rückwärts bewegten Kreuzhebels *h* und die ruhenden Gegenklinken *i* eingreifen. Den Vorwärtsgang des Hebels *h* mit Angriff der Klinken *k* für den Warenanzug bezw. die Aufwickelung bewirkt nur das Gewicht *g*, welches somit die Ware unter (bei nicht zu verschieden großen Aufwickeldurchmessern) ziemlich gleichbleibender Kraftwirkung in dem Maße anzieht, als es die nachgelassene Fadenkette nach Bindung der Fäden gestattet. Die Mehrteilung der Klinken, also die Verfeinerung der Angriffszahnteilung, gestattet die Fortrückung um ganz kleine Beträge.

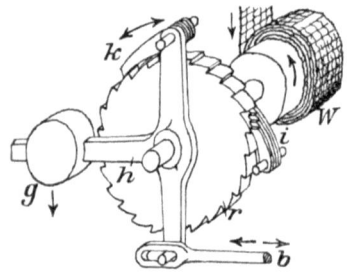

Fig. 139. Warenaufwickeler mit gesteuertem Gewichtsabzug.

4. Abstellvorrichtungen bei Fadenbruch. Wie die Regelmäßigkeit und Gleichmäßigkeit der Fadenverbindungen bei ihrer Herstellung von der ordnungsgemäßen Fadenzufuhr, also richtiger Fadenspannung, abhängig ist, so ist dazu auch eine **ununterbrochene Fadenzufuhr** nötig. Wenn bei Einfaden-Garnverarbeitungsmaschinen der Faden reißt und dies nicht gleich bemerkt wird, um das Weiterarbeiten der Maschine zu verhindern, deren Antrieb also abzustellen, so entstehen durch den Neuanfang der Garnverarbeitung in dem erzeugten Stoff Fehler, und beim Bruch eines Fadens in einer zur Verarbeitung kommenden Fadenreihe entsteht eine Lücke in dem Stoff, die sich durch nachträglichen Handeinzug oft nur schwer schließen oder, wie man sagt, stopfen läßt. Bei dem schnellen Arbeiten der Maschinen läßt sich der Fadenlauf

Gemeinsame Einrichtungen der Garnverarbeitungsmaschinen. 103

vom Auge des Arbeiters oft schwer verfolgen, und oft ist auch die Übersichtlichkeit durch die Größe und Bauart der Maschinen selbst erschwert. Der Fadenbruch wird erst durch den beobachteten Fehler im Stoff entdeckt, während ein vorzeitigeres Feststellen des Fadenbruches entsprechende Warenfehler überhaupt vermeiden läßt. Deshalb werden die Garnverarbeitungsmaschinen mit selbsttätig wirkenden Einrichtungen versehen, durch welche bei Fadenbruch entweder die ganze Maschine oder der betreffende Arbeitskopf abgestellt wird. Dies erfolgt durch, den Faden in seinem Lauf belastende leichte Fühler, die beim Reißen oder Bruch des Fadens durchfallen und, da der Fall dieser leichten Gegenstände nicht selbst den Hebel des Riemenführers oder des Antriebkuppels bewegen kann, nun durch Hilfsmittel die Auslösung der Antriebsperrung bewirken. Bei der durch größere Kraftäußerung mit Handgriff oder Fußtritt bewirkten Einrückung des Antriebes wird eine Feder gespannt und in gespanntem Zustande durch eine Einfallklinke gesichert, welche dann auch die Einrückung des Antriebes bzw. bei elektrischem Antriebe den Anlasser sichert. Beim Ausheben dieser sperrenden Klinke kann die gespannte Feder zur Wirkung kommen und den Anlasser und Ausrücker znr Rückbewegung freigeben. Diese Auslösung selbst benötigt eine gewisse Kraft, so daß sie der fallende Fadenfühler nur durch Vermittelung eines kraftschlüssig von dem Maschinenantrieb aus bewegten Hilfszeuges bewirkt.

Verschiedene Arten solcher selbsttätiger Fadenbruch-Abstellungen veranschaulicht Fig. 140 in den Bildern a bis e. Beim Bilde a werden über den Faden f Bügel i gehängt, die zwischen den Stangen t gehalten werden. Beim Ausbleiben des Fadens fällt der Bügel zwischen den Stangen nach unten und kommt zwischen die ständig gegeneinander umlaufenden Walzen v, w (das Hilfskraftmittel), von denen die eine festgelagert ist, während die andere in dem einen Arm eines Winkelhebels liegt, dessen anderer Arm die Sperrklinke für den durch die Feder l angezogenen Hebel h der Ausrückstange s bildet. Beim Durchlauf des gefallenen Fadenfühlers durch die Walzen, wo dann der Fühler in der Rinne v zur Wiederbenutzung aufgefangen wird, erfolgt durch Abdrücken der Walze w die Auslösung der Antriebsperrung.

Bei der Vorrichtung des Bildes b wird der Faden durch die Öse des in der Führung v frei beweglichen Fühlers i geführt, und

104 Herstellung der einfachen Fadenverbindungen oder Grund-Bindungen.

auf der Achse der Führung sitzt die Sperrklinke. Beim Fallen des Fühlers kommt sein unteres Ende vor die Leisten der ständig umlaufenden Flügelwelle u, des Kraftmittels, wird dadurch mitgenommen und damit die Achse der Führung v so gedreht, daß die Klinke den Hebel h frei gibt.

Beim Bilde c sitzen die flachen Fühler i mit Durchgangösen für den Faden f frei fallend in einer festen Schiene v, unter welcher

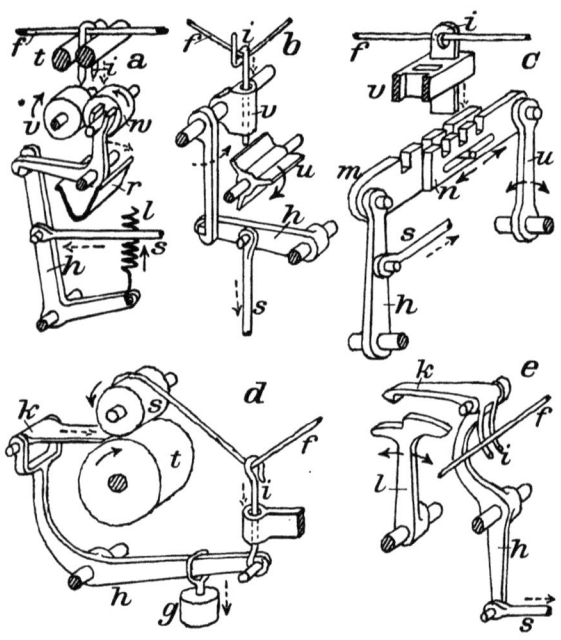

Fig. 140. Die verschiedenen Arten der Vorrichtungen zur selbsttätigen Arbeitsabstellung bei Fadenbruch.

sich die an dem Kraftmittel, dem schwingenden Hebel u, hängende gekerbte Schiene n dauernd hin und her bewegt. Daneben liegt ruhend die an dem Ausrückhebel h angeschlossene gleichgekerbte Schiene m und der niedergehende Fühler i kann nun, wenn sich die Kerben der Schienen m und n gerade treffen, in die beiderseitigen Kerben einfallen und gibt so eine Verbindung für die Mitnahme der Schiene m, durch die Schiene n, wodurch, weil die Ausrückstange s durch einen Schlitz mit dem Hebel h

Gemeinsame Einrichtungen der Garnverarbeitungsmaschinen. 105

verbunden ist, nur beim folgenden Vorlauf die Ausrückung erfolgt.

Im Bilde d ist eine Maschine mit Windetrommel t und aufliegender Spule angenommen. Beim Fallen des, den mit Ausrückgewicht g belasteten Hebel h haltenden Fühlers i gibt der gebrochene Faden selbst den Hebel h frei, so daß die an diesem angeschlossene Zunge k zwischen Trommel und Spule tritt und die weitere Mitnahme der letzteren, also die Fortsetzung des Windens hindert. Diese Einrichtung kann auch mit der des Bildes a verbunden werden, wo dann die Trommel und Spule das Auslösewalzenpaar $v\ w$ wird. Der Fadenfühler braucht dann nicht selbst zwischen dieses einzutreten und bleibt in seiner Führung hängen.

Bei der Vorrichtung des Bildes e trägt der Ausrückhebel h selbst den Fadenfühler i, der sich mit einer oder mehreren Zinken seitlich infolge Belastung durch die Klinke k an den laufenden Faden f anlegt. Bei Fadenbruch kann der Fühler durchschlagen, die Klinke k senkt sich und kommt vor die Nase eines dauernd schwingenden Hebels l, welcher beim Vorlauf die Klinke und damit den Hebel h mitnimmt.

Alle diese Abstellvorrichtungen, die mit entsprechenden, den Wirkungsvorgang in seinem Wesen selbst nicht treffenden Abänderungen für die verschiedenen Garnverarbeitungsmaschinen angewendet sind, wirken mit mechanischen Mitteln. Es gibt dann noch mechanische Abstellvorrichtungen, wo der bei Fadenbruch fallende Fühler den Schluß eines elektrischen Stromes bewirkt, der einen Elektromagneten beeinflußt, der dann durch seine Anzugskraft entweder die Ausrückstange selbst oder wieder nur die Sperrklinke derselben vorzieht. Auch hier bringt folglich der leicht wirkende Fühler das Kraftmittel für die Abstellung zur Betätigung.

Dritter Teil.
Die Änderung und der Wechsel der Fäden und Bindungen für die Musterung der Stoffe.

I. Allgemeines.

Wenn in einem Stoff die Fadenbindung sich dauernd gleichmäßig wiederholt, wie es die beschriebenen Garnverarbeitungsmaschinen ausführen, so benennt man den Stoff glatt und spricht von glatter Ware. Der gleichmäßige Verlauf der Fadenbindung läßt sich aber unterbrechen durch Aussetzen, Abändern und Wechseln, und wenn dieses regelmäßig oder nach bestimmter Folge geschieht, ergibt dies im Fadengefüge des Stoffes Muster, und man erhält gemusterte Ware. Neben dieser Musterung des Fadengefüges wird auch eine Änderung des verarbeiteten Garnes nach Stärke, Fasergut und Farbe und vorher schon verarbeiteten Fadengutes (Zwirn usw.) für den Wechsel im Fadengefüge und das Aussehen desselben benutzt, um den hergestellten Stoff zu mustern, und die beliebige Vereinigung und Verbindung dieser Musterungsarten führt zu einer fast unerschöpflichen Vielheit der Textilstoffe. Deren Musterung dient neben Geschmacks- und Schönheitsbefriedigungen auch Nützlichkeitszwecken.

Diese Musterung ist bei allen Garnverarbeitungsarten, dem Umspinnen und Zwirnen, Flechten und Weben, Wirken und Stricken und bei den verschiedenen Netzstoffherstellungen möglich und angewendet.

II. Die Musterung mit bloßer Fadenänderung.

Die erste Musterungsart, die Benutzung verschieden starken und verschieden farbigen Garnes und von Garn verschiedenen Fasergutes, also z. B. Wolle und Baumwolle, Seide u. s. f.. sowie von gedoppeltem Garn und Zwirn und gehäkelten und geflochtenen

Die Musterung mit bloßer Fadenänderung. 107

Schnüren, sowie gewebten Bändchen ergibt folgende Möglichkeiten:
1. beim Umspinnen: die Umhüllung eines minderwertigen, auch stärkeren Fadens mit einem solchen, gegebenenfalls schwächeren oder gedoppelten, aus anderem und besserem Fadengut oder anderer Färbung und die fortlaufende Umwickelung eines stärkeren Fadens oder einer in ihren Fäden beliebig gebundenen Schnur beliebiger Farbe mit einer solchen oder einem Bändchen beliebiger Bindung. Diese Erzeugnisse können natürlich dann beim Umspinnen, d. h. dem Umschlingen oder Umlegen selbst wieder ihre Verarbeitung wie Garn finden.
2. beim Zwirnen: das Zusammendrehen verschiedenfarbiger und verschieden starker, auch gedoppelter Fäden, was im ersten Fall eine gleichmäßige Abwechselung der Farbe in den Fadenwindungen, im letzteren Falle die Hervorkehrung der Farbe oder Güte des stärkeren Fadens im Zwirn ergibt. Diese Zwirnungen erfolgen gewöhnlich für die Zwecke der Musterung der herzustellenden Stoffe.
3. beim Flechten: durch die gleichzeitige Verarbeitung der verschiedenartigen Fäden, deren Verlauf im Geflecht auch durch ihre Gegenseitigkeit dasselbe mustert, sowie die Benutzung von gemustert umsponnenem Garn und Zwirn, Schnüren und Bändchen.
4. beim Häkeln: die vorbemerkte Verschiedenheit schon gemusterten Häkelgutes und, wenn mehrere Fäden nebeneinander verarbeitet werden, deren Verschiedenheit, die sich dann in ihrer Nachbarverbindung als Muster äußert.
5. beim Wirken und Stricken: a) der eine verarbeitete Faden wird gewöhnlich nach Herstellung einer Maschenreihe nach Art und Farbe geändert, und der Stoff erhält dieser Reihenänderung entsprechend Querstreifen; der erhaltene Stoff mit Rundstreifen von Farben-, Stärke- und Gütewechsel heißt Ringelware; b) beim Kettenwirken und Stricken wird in der verarbeiteten Fadenreihe nach Art und Farbe verschiedenartiges Garn gewählt, wodurch im Stoff Längsstreifen entstehen; c) beim einfachen und Reihenfaden-Verstricken wird gedoppeltes Garn benutzt, so daß, wenn bei diesem verschiedenartiges und verschieden-

farbiges Garn vereinigt ist, die Vorder- und Rückseite des Stoffes ein verschiedenes Aussehen erhält, z. B. bei einem Anzugstoff die Außenseite schwarz, die Innenseite weiß, oder die Außenseite glatt in wertvollem, die Innenseite rauh in minderwertigem Fasergut. Der Stoff erhält damit, wie man sagt, Futter.

Bei den Fadenverbindungen, wo eine Fadenreihe mit Querfäden verbunden wird, ist eine doppelte Änderung zur Musterung möglich:

6. beim Weben kann sich a) die Kette aus verschiedenartigem Garn zusammensetzen, um Längsstreifen im Gewebe, oder b) der Schuß in seiner Garnart wechseln, um Querstreifen in der Ware zu geben. Wenn c) beide Änderungen zusammen auftreten, gibt es im Gewebe Viereckmuster, d. h. von Längs- und Querstreifen eingeschlossene Vierecke anderer Farbe und Garnstärke oder anderen Fasergutes. d) Die Benutzung von gezwirnten Fäden zusammengeschlungenen verschiedenartigen Garnes gibt schon bei allseitiger Verwendung in Kette und Schuß dem Stoff ein eigenartiges Aussehen, wozu dann nach e) die bemerkte Streifenwirkung kommt. f) Die Verwendung verschieden starken Garnes im Schuß gibt durch das Auflegen der stärkeren Fäden ein einseitiges Herausarbeiten derselben, so daß das Gewebe auch ein doppelseitiges Aussehen und Futter erhält, was besonders bei Doppelgeweben (Fig. 99) erfolgt. Wenn g) Schuß und Kette verschieden sind, können einesteils durch ihre Stärkeverschiedenheit die Fadenlagen der einen Art bei entsprechender Fadenspannung in die Fadenbindung hineingezogen werden, so daß nur die andere Fadenart sichtbar wird; so wird einem Gewebe mit stärkerem wollenen, also nachgiebigerem Schuß und gestärkter festgespannter Kette beiderseitig das Aussehen eines Wollgewebes gegeben, um seinen Wert im Aussehen zu heben; anderenteils erhält namentlich bei verschiedener Garnfärbung das Gewebe beiderseitig ein punktiertes, verstreutes Aussehen.

7. beim Tüllweben und der Schlingarbeit für die Schleier- und Vorhangstoff-Herstellung können ebenso Stütz- und Schling- und Zwischenfäden in verschiedenartigem Garn

sein, um das Aussehen des Stoffes zu verändern, wenn auch hier im allgemeinen weniger Gebrauch von der möglichen Musterung mit Garnverschiedenheit gemacht wird.

Die Einrichtungen, welche die Garnverarbeitungsmaschinen für den bemerkten Wechsel des Fadengutes besitzen, sind nachfolgend besprochen.

III. Einrichtungen zum Fadenwechsel während des Arbeitens.

Bei der Verarbeitung von Fadenreihen, also beim Flechten, in der Webkette und beim Kettenstricken muß der Wechsel in der Art und Farbe der Fäden bei Bildung der Reihe vor deren Verarbeitung gemacht werden und während dieser bleibt die getroffene Zusammenstellung unabänderlich bestehen. Auf dem Spulenaufsteckzeug der Zwirn- und Fach- bezw. Schermaschinen werden der gegebenen Musterung entsprechend die Spulen mit verschiedenartigem Garn vorgegeben und ebenso auf die Schiffchen der Flechtmaschine solche aufgesteckt. Bei der Einfaden-Verarbeitung kann aber während dieser selbst der Wechsel vor sich gehen, also während des Webens schußweise die Art und Farbe des Schußgarnes sich ändern und beim Querwirken oder Stricken maschenreihenweise das Garn sich ebenso ändern. Der Wechsel der verschiedenartigen Fäden erfolgt dem vorgeschriebenem Muster entsprechend selbsttätig durch Austausch oder Wechsel der Vorratspulen, denen die Fäden zur Verarbeitung entnommen werden oder der Fadenzuleitungen, und die Web- und Wirkstühle bezw. Strickmaschinen besitzen hierfür besondere Einrichtungen.

Da beim Weben die Vorratspule im Schützen liegt, so müßte im letzteren die Spule gewechselt werden, was ausführbar ist und auch vorgenommen wird. Allgemeiner ist jedoch der Wechsel des ganzen Schützens benutzt, und die Schützen mit dem verschiedenartigen Garn sind hierzu geordnet bereitzuhalten, um im gegebenen Fall in Wirkung zu treten. An der Lade des Webstuhles sind auf einer Seite, mehr aber auf beiden Seiten, wie Fig. 141 veranschaulicht, Fächer S vorhanden, welche die Kästen zur Aufnahme der Schützen *1* bis *3* bilden. Diese Fächer oder Kastenreihen sind in senkrechten Führungen an den Enden der

110   Die Änderung und der Wechsel der Fäden und Bindungen.

Ladenbahn verschiebbar und werden durch besondere Vorrichtungen während der Zeit, wo die Schützen in den Fächern liegen, dem gewünschten Muster entsprechend so eingestellt, daß sich der betreffende Schützenkasten mit der Ladenbahn vergleicht. Durch den Treiber t, welcher sich an dem durch den Zugriemen r plötzlich gepeitschten Schwingstock z befindet, wird dann der davor stehende Schützen 1 durch das Webfach geschlagen und auf der anderen Seite in einem leeren Kasten aufgefangen. Der leer gewordene Kasten nimmt dann nach Fig. 141 z. B. den nach Steigen der linken Kastenreihe zum Durchschlag kommenden Schützen 2 auf, worauf der Schützen 3 von rechts nach links

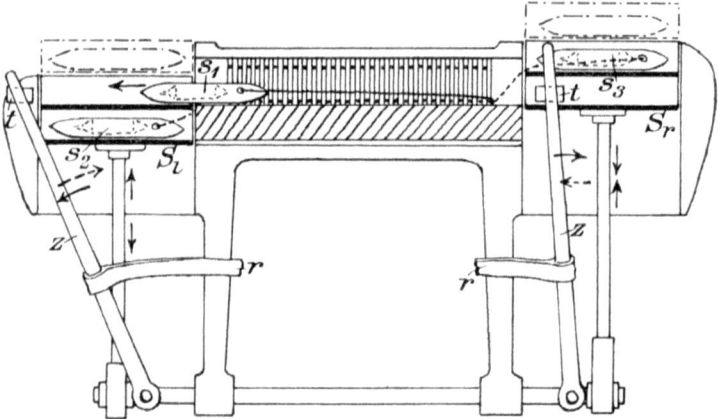

Fig. 141. Webstuhllade mit verschiebbaren Schützenkastenreihen, sog. Wechsellade zum Wechseln des Schusses oder zum Schützenwechsel.

zum Durchschlag kommt. Es könnte auch bei Stehenbleiben der Kastenreihen der Schützen 1 erst wieder zurückgeschlagen werden, so daß erst nach zwei, und gegebenenfalls nach mehreren Schüssen ein Fadenwechsel eintritt, letzterer also ganz beliebig erfolgen kann. Wenn sich aber nur zu einer Seite der Lade eine verstellbare Schützenkastenreihe befindet, also eine **einfache Wechsellade** (gegenüber der doppelseitigen oder **Doppel-Wechsellade**) besteht, kann der Schußfadenwechsel nur nach jedem zweiten Schuß stattfinden.

Zur Veranschaulichung der schon mit einfacherem Fadenwechsel — zwei und drei verschiedenen Fäden mit Wechsel nach

Einrichtungen zum Fadenwechsel während des Arbeitens. 111

jedem Schuß oder je zwei Schüssen — zu erzielenden Musterungen, bei Beibehaltung der Fadenbindung, dienen die Fig. 142 bis 145, welche in Vierecken die bei Draufsicht des Gewebes bemerkbaren Köpfe der Schleifenlagen, im senkrechten und wagerechten Verlauf abwechselnd Schuß und Kette zeigen. In Fig. 142

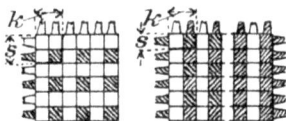 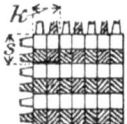

Fig. 142. Webmuster bei zweifädigem Schuß- oder Kettfadenwechsel.

Fig. 143. Webmuster bei Schuß- und Kettfadenwechsel.

ist links das Muster bei zweifachem Schußwechsel und gleichen Kettfäden, rechts bei zweifach wechselnden Kettfäden und gleichbleibendem Schuß dargestellt. Wenn die schräge Strichelung zur Unterscheidung der Fadenart die Faserlage im Faden, also die Drehung desselben angibt, so zeigt Fig. 142 rechts im linken Teil Schuß- und Kettfäden gleichgedreht, im rechten Teil diese mit verschiedener Drehung. Im letzteren Fall wird eine gleichgerichtete Faserlage beim Zusammenschluß der sich kreuzenden Fäden erzielt, und will man daher ein Gewebe mit dichtem Schuß oder gutem für die nachfolgende Ausrüstung besser geeignetem Fasergefüge erhalten, sind Kette und Schuß von verschiedener Fadendrehung zu nehmen, was bei diesem Fadenwechsel fast allgemein gehandhabt wird.

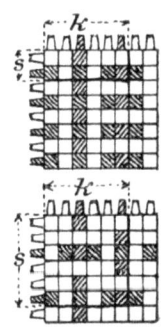

Fig. 144. Webmuster mit zweifachem doppel- und einfädigem Kettfaden- und zweifachem doppel- und einfädigem Schußwechsel.

Fig. 143 zeigt als Muster bei zweifachem Wechsel von Kette und Schuß sich ergebende Querstreifen und Fig. 144 oben das Muster eines dreifädigen Ketten- und zweifädigen Schußwechsels, unten das Muster des beiderseits dreifädigen Wechsels. Fig. 145 zeigt links das Muster eines dreifarbigen oder dreiverschiedenartigen Kettfadenwechsels, Faden um Faden, mit zweifädigem Schußwechsel, in der Mitte das Muster mit beiderseits dreifarbigem Wechsel, Faden um Faden, und rechts, um die Wirkung des Wechsels um je zwei Schuß zu veranschaulichen, ein Muster mit diesem Schuß-

112   Die Änderung und der Wechsel der Fäden und Bindungen.

wechsel bei gleichem Wechsel der Ketten. Aus diesen Musterungsbeispielen, die für die gegebenen einfachen Fälle nicht erschöpft sind, geht die Vielseitigkeit derselben schon hervor, die natürlich mit der Vermehrung der Fadenarten und der Wechselzahl der Fäden außerordentlich gesteigert wird.

Das erzeugte Muster wiederholt sich im Stoff, und wie an den gegebenen Beispielen ersichtlich ist, nicht immer in der Wechselzahl der Fäden. Die Wiederholungs-, Schuß- und Kettfadenzahl ist als Musterteilung (jetzt „Rapport" genannt) zu bezeichnen, und ist nach beiden Richtungen in den Fig. 142 bis 145 durch die Buchstaben s und k angegeben.

Die Schützenkastenreihen, die, wie schon Fig. 141 punktiert andeutet, mit mehr als zwei bis zu zehn Kästen ausgeführt werden, werden im Webstuhl senkrecht beweglich als sog. Steigladen, wagerecht verschiebbar als Schiebeladen und an dreh-

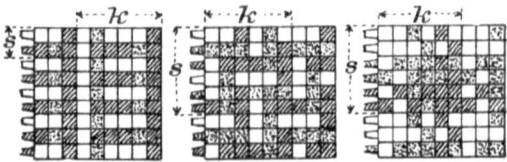

Fig. 145. Webmuster mit dreifädigem Kettfaden- und zweifädigem Schußwechsel, dreifädigem Kettfaden- und Schußwechsel und doppelfädigem dreifachem Kettfaden- und Schußwechsel.

baren Zylindern als Drehladen (Revolver) angeordnet. Die Einstellung der Kastenreihen dem Muster entsprechend erfolgt durch zusammengesetzte Getriebe, die sich als Zählwerke kennzeichnen und selbst Schützenwechsel genannt werden, den man nach der Zahl n der zu wechselnden Schützen als n-fach bezeichnet. Ein Unterschied besteht bei diesen Schützenkastenbewegungen noch darin, ob die Bewegung durch Hubscheiben kraftschlüssig nur in einer Richtung, der Rückzug also durch Feder oder Gewichtszug erfolgt, oder ob der Rückgang ebenso kraftschlüssig und zwangläufig vor sich geht. Letzteres, was auf die Erhöhung der Arbeitsgeschwindigkeit des Webens von Einfluß ist, wird allgemein angewendet.

Beim Rundwebstuhl ist der Schützenwechsel kaum angängig und die Musterung beim Rundweben überhaupt schwer durchzuführen.

Einrichtungen zum Fadenwechsel während des Arbeitens. 113

Beim Reihen-Wirken und Stricken läuft der Fadenführer über die Nadelreihe hin und zurück. Zum Fadenwechsel sind mehrere Führer oder Leiter für die verschiedenartigen Fäden notwendig, und nur der Führer des nach dem beabsichtigten Muster zum Einlegen kommenden Fadens ist dann mit dem Bewegungstück zu kuppeln, während die anderen Führer in Ruhe bleiben. Eine Einrichtung hierzu für zwei Fäden als Ausführungsbeispiel zeigt Fig. 146. Die Fadenführer f und f_1 haben auf ihren Leitstangen Mitnehmerknaggen n, in welche die abgebogenen Schnäbel der Federklinken k einschnappen, wenn sich das hin- und hergehende Leitstück F für die Fadenführerbewegung am rechten Endpunkt seiner Bahn befindet und die Klinken dort keinen Anschlag a antreffen, welcher die Schnäbel derselben aushebt. Es wird also nur immer ein Führer mit nach links genommen und wieder zurückgebracht, so daß mit der zugehörigen

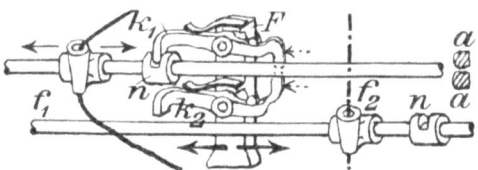

Fig. 146. Einrichtung zum Fadenwechsel bei flachen Wirkstühlen und Strickmaschinen.

Garnart zwei Maschenreihen gewirkt oder gestrickt werden, oder es können auch absetzend beide Fadenarten zusammen als Doppelfaden verstrickt werden, um einen dickeren Querstreifen im Stoff herzustellen. In gleicher Weise läßt sich dieser Fadenwechsel auch für mehr als zwei Fäden und zu beiden Seiten des Fadenführerganges für das Wechseln nach einer Maschenreihe einrichten.

In Fig. 147 ist, durch schwache und starke Linien ausgedrückt, die Fadenbindung eines Gestrickes mit Querstreifen (Ringelware) dargestellt, und ist zu bemerken, daß an den Rändern desselben der ausgewechselte Faden bis zu seinem Wiedereintritt in die Verarbeitung frei hängt, was auch beim Weben mit Schützenwechsel der Fall ist. Soll beim Wirken nur eine Maschenreihe aus andersartigem Garn bestehen, so ist, wie vorbemerkt, die beschriebene Wechselvorrichtung zu beiden Seiten des Wirkstuhles oder der Flachstrickmaschine anzubringen, wie beim Webstuhl, in welchen Fällen ein doppelseitiger Wechsel besteht.

Rohn, Garnverarbeitung. 8

114   Die Änderung und der Wechsel der Fäden und Bindungen.

Das Einwirken von Längsstreifen zeigt das Bindungsbild Fig. 148, und werden darnach die Fadenführer des verschiedenen Garnes nur entsprechend der Streifenbreite hin- und hergeschoben. Die Bindung der verschiedenartigen Fäden an den Streifenrändern, kann, wie Fig. 148 zeigt, in einfachen Maschen (rechts) oder Doppelmaschen (links) erfolgen.

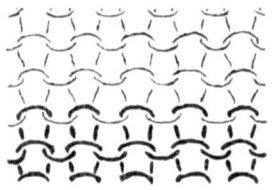
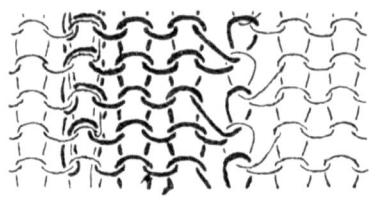

Fig. 147.
Einfaches Gestrick mit wechselnden Querstreifen in zwei Maschenreihen.

Fig. 148.
Gestrick mit Längsstreifen und Bindung der Streifenränder in einfachen und Doppel-Maschen.

Bei den Rundwirkstühlen, wo der Faden durch den umlaufenden Nadelkranz und das Maschenrad von der ruhenden Spule abgezogen wird, braucht nur das Führungsauge des zu wechselnden Fadens aus der Einzugstelle gerückt und das des anderen Fadens dafür eingestellt zu werden; bei diesem Wirkstuhl können aber durch einen Fadenwechsel beim Verarbeiten eines Doppelfadens verschiedener Garnart beliebige Musterungen im Stoff

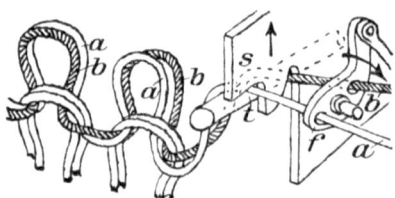

Fig. 149. Einrichtung zum beliebigen Fadenwechsel beim Doppelfadenwirken für Längs- und Querstreifen, Punkt- und andere Musterung.

gewirkt werden. Nach Fig. 149 besteht der Fadenführer aus einem Leitstab t und einer gekerbten Platte s für die Führung der beiden verschiedenartigen Fäden, die durch ein drehbares Doppelauge f gehen. Wird die Platte s ausgehoben, werden damit die Fäden frei und wird das Auge f $1/2$mal gedreht, so findet der Fadenwechsel von vorn nach hinten und umgekehrt statt, welcher Wechsel dann durch Einfallen der Kerbplatte gesichert wird. Die Maschen der Fadenarten werden also abwechselnd vorn und hinten gebildet und die Ware kann Längs- und Querstreifen, Punkte und willkürliche Bilder auf der Vor- und Rückseite in entgegengesetzten Farben oder in anderem Aussehen zeigen.

IV. Einrichtungen zur Bindungsänderung.

1. Allgemeines. Bei allen Fadenverbindungen gibt es zunächst gemeinsame Mittel, eine Änderung in ihrem Verlauf und dadurch eine Änderung des Fadengefüges im Stoff herbeizuführen. Diese Mittel bestehen in:

1. allmählich oder plötzlich absetzender Fadenspannung, was sich durch dichte und hohle Stellen im Gefüge des Stoffes äußert;
2. allmählich oder plötzlich absetzender Warenaufwicklung, was ebenso Querstreifen in dem Verlauf der Bindung herbeiführt;
3. teilweisem Aussetzen der Bindung durch vorübergehende Ausschaltung der Bindungswerkzeuge, wodurch Löcher oder offene Stellen im Fadengefüge entstehen und Fäden stellenweise zur ungebundenen Freilage kommen;
4. Vertauschen oder Wechseln der Bindungswerkzeuge, das sich in verschiedener Weise auf den Verlauf der Bindung äußert.

Wie nun diese Änderungsmittel bei den verschiedenen Garnverarbeitungseinrichtungen ihre Ausgestaltung finden, wird nachfolgend in einigen Ausführungsbeispielen gezeigt, wobei die jeweils besonderen Bindungsänderungsmittel mit erwähnt werden.

2. Gemusterte Umspinnungen und Zwirnungen. Eine Zusammenstellung von solchen Musterungsarten, die meist durch ungleichmäßige Fadenzuführung und solchen Fadenabzug erzielt werden, zeigt Fig. 150. Beim Umspinnen schlingt sich der auch als Deckfaden zu bezeichnende Schlingfaden in wechselnden Windungslagen, wie bei a gezeigt ist, oder bei absetzend schneller und langsamer Abzugsgeschwindigkeit nach dem Muster b in weit und dicht liegenden Windungen um den Grundfaden. Bei vorübergehendem Stillstand im Fadenabzug wird nach dem Muster

116   Die Änderung und der Wechsel der Fäden und Bindungen.

c ein Knäuel um den Grundfaden geschlungen, was bei der Einrichtung Fig. 84 dadurch erfolgt, daß der Schlingfadenleiter f mit dem zugeleiteten Grundfaden niedergeht und dann schnell in die Höhe fährt. Zur Sicherung der auch als Knoten bezeichneten Schlingfadenanhäufung wird der umschlungene Faden nach dem Muster d dann auch nochmals umschlungen oder umzwirnt.

Die Umschlingung eines Grundfadens mit zwei verschiedenartigen Schlingfäden kann durch entsprechende Führung derselben nach dem Muster e auch abwechselnd erfolgen, so daß der Grundfaden in Abständen verschiedenartig bedeckt wird, und es kann die Umschlingung eines einfachen oder zweier sich zwirnender

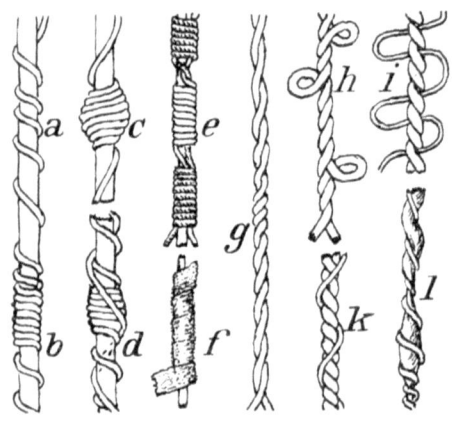

Fig. 150. Muster von Umspinnungen und Zwirnungen durch wechselnde Fadengeschwindigkeiten u. dergl.

Fäden auch mit faserigem Vorgarn, wie bei f gezeigt ist, erfolgen, um durch den inliegenden Kernfaden ein trotz ganz kurzer, für sich nicht spinnbarer Fasern ein Vorgespinst daraus zu erhalten.

Die ungleiche Zwirnung von zwei Fäden durch veränderliche Zuführgeschwindigkeit ist im Muster g gezeigt, und, wenn beim Zwirnen die Zuführung der Einzelfäden getrennt voneinander erfolgt, kann auch nur bei einem der Fäden die Zuführung mit wechselnder Geschwindigkeit erfolgen. Bei der die Geschwindigkeit der anderen Fäden übersteigenden Geschwindigkeit hat dann der Faden Zeit, durch die in ihm sitzende Drehung

Einrichtungen zur Bindungsänderung. 117

oder seine Steifigkeit Schlingen oder Schleifen in sich zu bilden, die dann nach dem Muster h eingezwirnt werden. Dieses Einzwirnen kann auch mit einem in die Fadenzuführung in losen Schleifen eingelegten dritten Faden erfolgen, wie das Muster i veranschaulicht. Diese Musterzwirne werden auch als Schleifengarne bezeichnet.

Zur Sicherung einer Zwirnung wird dieselbe nach dem Muster k in entgegengesetzter Drehung mit einem Musterfaden, meist anderer Art, überzwirnt und, wenn Vorgespinst mit Garn zusammengezwirnt wird, kann das erstere absatzweise zugeführt werden, so daß sich die noch nicht gebundenen Fasern auseinander ziehen und sogen. Blasengarn (Muster l) entsteht.

3. Gemustertes Flechten. Die im Geflecht durch Wechsel in der Abzuggeschwindigkeit entstehende Änderung in der Bindung dürfte ohne besondere Darstellung erklärlich sein.

Fig. 151. Achtfädiges Geflecht mit verschiedener Fädenspannung.

Für die weiteren Hilfsmittel zur Bindungsänderung zeigt Fig. 151 die Wirkung der gleichbleibenden Spannungsverschiedenheiten der Flechtfäden bei einem achtfädigen Geflecht. Der am stärksten angespannte Faden liegt straff in der Mitte des Geflechtes und die Bindung bildet sich mit der zunehmenden Schlaffheit der Fäden abwechselnd zu beiden Seiten der strafferen Fäden in zunehmend loseren Schleifen. Das geflochtene Band erhält wellenförmige Kanten und spricht man dabei von Form- oder Zackenlitzen, denn durch Wechselung der Spannung wird die Randform des Fadengefüges als ersichtlich geändert.

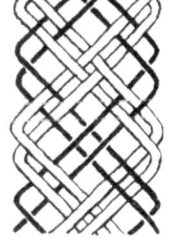

Fig. 152. Hohlgeflecht mit verschiedenartigen und Doppelfäden.

Wenn von einigen Schiffchen einer Flechtreihe Spulen entnommen werden, entstehen im Geflecht für deren Fadenverlauf leere Stellen und man erhält ein Hohlgeflecht, von dem Fig. 152 ein Muster gibt, das gleichzeitig die Verwendung verschiedenartigen Garnes, auch mit Doppelfaden, beim Flechten veranschaulicht.

118 Die Änderung und der Wechsel der Fäden und Bindungen.

Bei den für die Flechterei bestehenden besonderen Mitteln zur Bindungsänderung läßt sich schon bei der einfachsten Einrichtung, den zwei ineinander übergehenden Schiffchenkreisen durch ein Wechseln der Schiffchen bezw. Klöppelzahl und die

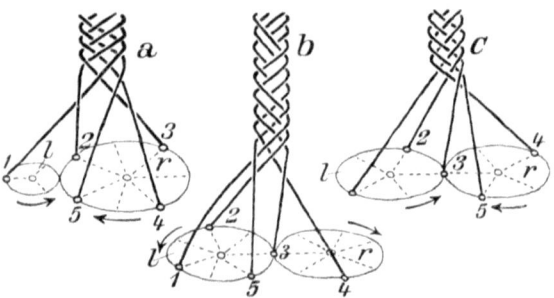

Fig. 153. Bindungsänderungen des einfachen Geflechtes durch verschieden große Bahnen und Klöppelzahl, sowie Mitnehmerteilungen.

Verschiedenheit der beiderseitigen Bahn eine Musterung erzielen. Drei Beispiele dieser Möglichkeiten zeigt Fig. 153 und bei *a* verschieden große Laufkreise *l* und *r* mit drei- und siebenfach gekerbten Mitnehmerscheiben. Benutzt werden fünf Klöppel und das Geflecht wird mit offenen Fadenlagen oder Schleifen einseitig mit enggebundenem Rand. Bei der Einrichtung des Bildes *c* ist für gleich große Flechtbahnen *l* und *r* die Zahl der Klöppel bei fünfteiligen Mitnehmern auf fünf erhöht, was die einfachste Flechtbindung mit in der Mitte gebundenen aber offeneren Fadenschleifen ergibt. Werden bei dieser Anordnung nach dem Bilde *b* die Schiffchenmitnehmer mehrteiliger, so daß abwechselnd in den Kreisen *l* und *r* mehrere der fünf Klöppel im Lauf sich befinden, so wird das Geflecht links und rechts absetzend einseitig.

Fig. 154. Geflechtmuster mit wechselnder u. geteilter Bindung und Ruhelage von Fäden.

Ein weiteres Mittel zur Bindungsänderung ist die teilweise Ausschaltung der Schiffchenlaufbahn, also eine beliebige Umkehrung der wandernden Klöppel in deren Bahn und die vorübergehende Ausschaltung oder Stillsetzung einzelner Klöppel, so daß sich, wie in dem Bindungsmuster Fig. 154 beispielsweise gezeigt ist, ein neunfädiges

Einrichtungen zur Bindungsänderung. 119

Geflecht in mehrere wenigerfädige Teile — hier in ein vier-, drei- und zweifädiges Geflecht — auflöst, also im Geflecht Durchbrechungen entstehen, und einzelne Fäden einseitig freiliegen und selbst nicht mehr binden, sondern nur von den übrigen Fäden mit eingeschlossen werden. Hierzu wird einesteils die Schiffchenbahn mit Leitweichen versehen, anderenteils die Fadenspule an der Wiederteilnahme der Flechtbewegung vorübergehend gehindert. Die erstere Einrichtung zeigt Fig. 155.

An den Berührungsstellen der Laufkreise l und r sind die Zungen z drehbar gemacht und diese können durch Stangen i gegenseitig so eingestellt werden, daß entweder, wie oben gezeichnet, der Übergang von dem einen in den anderen Laufkreis ermöglicht, oder, nach dem unteren Bilde, dieser Übergang gesperrt wird und das in dem Laufkreis l laufende Schiffchen in diesem umkehren muß. Auf gleiche Weise kann ein Schiffchen in einen toten Abzweig der Bahn überführt werden

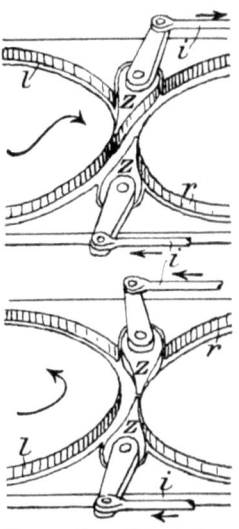

Fig. 155. Bewegliche Weichenzungen in der Schiffchenbahn.

und die damit verbundene Stillsetzung des Klöppels kann auch durch eine Entkuppelung des Mitnehmers, sowie eine solche zwischen Schiffchen und Klöppel usw. herbeigeführt werden.

Das Anflechten von Fadenschlingen, die zur Zier und zum Befestigen oder Annähen von Tressen und Litzen dienlich sind, veranschaulicht Fig. 156. Im Endkreis der Schiffchenbahn ist eine Säule s angeordnet, um welche der kreisende Klöppel k seinen Faden f schlingt. Die gebildete Fadenschlinge gleitet mit dem Anziehen des Fadens mit Fortschreiten des Klöppels und des

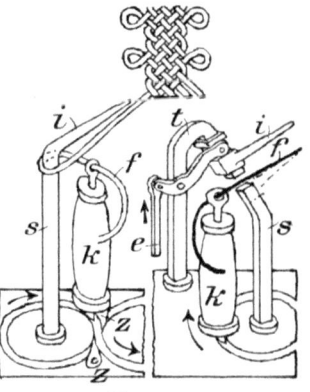

Fig. 156.
Randschlingenbildung beim Flechten.

120 Die Änderung und der Wechsel der Fäden und Bindungen.

Geflechtabzuges über die abgebogene Spitze i der Säule s ab, und der Endkreis der Klöppelbahn wird dann durch die Zungen z in beschriebener Weise gesperrt, so daß die Fadenschlingen nur in Abständen gebildet werden. Um die Schlingenbildung außerdem beliebig zu machen, wird die Schlingsäule s in ihrer Wirkung ausschaltbar gemacht, wie in Fig. 156 rechts gezeigt ist. Dazu ist der Säulenkopf i abhebbar, indem derselbe an einer Säule t von dem Hebel h geführt, verschiebbar sitzt. Der Hebel h wird von der Schubstange e beeinflußt und setzt einmal zur Schlingenbildung den Kopf i auf die Säule s, das andere Mal wird zum freien Fadendurchgang der Säulenkopf i abgehoben.

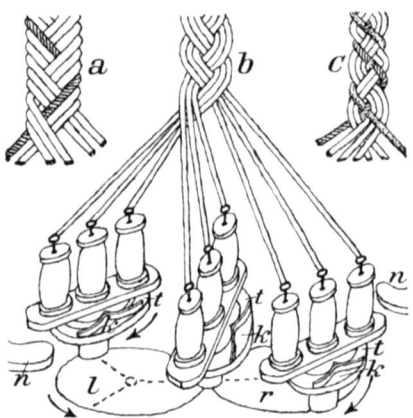

Fig. 157. Flechten mit mehrfachen Klöppeln.

Wenn mit Doppel- oder mehrfachem Faden geflochten werden soll, so ist dabei die Fadenlage zu beachten. Bei Benutzung gefachter Spulen würde durch die infolge der Wendung der Spulen bei ihrem Lauf der mehrfache Faden zusammengedreht und die Wirkung, welche man durch die gleiche Aneinanderlage mehrerer Fäden in der Bindung erreichen will, gestört werden. Man benutzt deshalb Schiffchen mit mehreren Einfadenspulen, wie Fig. 157 zeigt. Ohne besondere Einrichtung fällt aber auch dabei durch die Kehrung der Schiffchen in den Endkreisen der Flechtbahn das Geflecht an den Rändern ungleich aus, wie durch das linksseitige Bild a, welche die sich ergebende Lage von drei unterschiedlich gemachten Fäden zeigt, dargestellt ist. Der

Einrichtungen zur Bindungsänderung. 121

dunkle Faden liegt also bald zwischen, bald zur Seite der beiden anderen Fäden. Um dieser Unregelmäßigkeit zu begegnen und ein Geflecht mit gleichbleibender Fadenlage, wie oben in dem Bilde b gezeigt ist, zu erzielen, ist es nötig, der Kehrwirkung des mehrfachen Klöppels durch eine Rückdrehung desselben beim Kehren zu begegnen. Dazu kommen die Spulen auf Brücken zu stehen, welche auf den Klöppeltellern t um ihre Mitte drehbar sind und durch Federandrückklinken k in der durch Kerbscheiben bestimmten Stellung erhalten werden. Beim Kehren in den Endkreisen der Klöppelbahn stoßen die Brücken an Nasen n und werden damit um einen Halbkreis gedreht, so daß sich die mehrfachen Fäden, in gleicher Lage verbleibend, an den Geflechträndern einfügen.

Bei diesem Flechten können natürlich auch nur einzelne Schiffchen zwei und mehrere Klöppel erhalten und zeigt Bild c

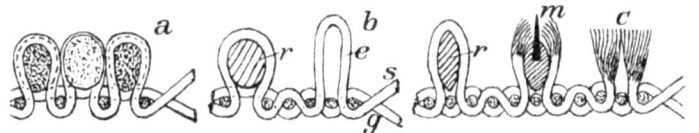

Fig. 158. Entwicklung der Schleifengewebe und solcher mit aufgeschnittenen Schleifen oder mit Haardecke (Sammt und Plüsch).

als Beispiel das Muster eines bezüglichen Geflechtes zwei verschiedenartiger Einzelfäden, eines doppelten und eines dreifachen Faden.

Es braucht nicht besonders betrachtet zu werden, wie durch beliebige Vereinigung dieser verschiedenen Mittel zur Bindungsänderung die Musterung der Geflechte vielseitig wird.

4. Die Gewebemusterung. Die abwechselnde Verwendung von schwachen und starken Fäden beim Schuß veranschaulicht in einem Gewebedurchschnitt längs der Kette Fig. 158 bei a. Der stärkere Schußfaden zieht die schleifenbildende Webkette an und, wenn er weich ist, in sich hinein, so daß eine Seite des Gewebes von dieser Schußfadenart voll ausgefüllt wird. Man spricht dann von Unterschuß, weil das stärkere Garn zur Unterseite des Gewebes benutzt wird.

An Stelle des dicken Schußfadens kann nun ein glatter Stab r (Bild b) beim Weben eingelegt werden, der nach Heraus-

122   Die Änderung und der Wechsel der Fäden und Bindungen.

ziehen auf dem Gewebe lose Schleifen e der Kettfäden hinterläßt. Man erhält dann einen Stoff mit ungleicher durch die sich niederlegenden Schleifen gebildeter Oberfläche, ein sogen. Schleifen- oder Schlingengewebe, wie zu Badehandtüchern benutzt.

Die Schleifenbildung in dem Kettfädenverlauf erfolgt immer nach einer Anzahl Schüsse, so daß die Schleifenteile im Fadengefüge des Gewebes gebunden werden und nur ein Teil der Kettfäden wird zu Schleifen gebildet, so daß die Webkette aus Grundfäden g und Schleifenfäden s, die dann gewöhnlich anderer Garnart sind, besteht. Man spricht dann auch von der Grund- und der Schleifen- oder auch Schlingenkette.

Die im Gewebe gebundenen Schleifen werden nun auch aufgeschnitten, wozu der eingelegte Stab oder die Rute r nach dem Bild c am Ende ein Messer m erhält, welches beim Ausziehen der Rute die Schleifen auftrennt, so daß die dann auseinanderstreben-

Fig. 159.
Doppelplüsch - Gewebe.

Fig. 160.
Teppichgewebe mit eingeknüpften Fäden.

Fig. 161. Eingezogene Fadenschleifen.

den Fasern der Schleifenfäden über dem Gewebe auf einer Seite vorstehen und demselben fellartige Haardecke geben. Durch die senkrecht emporstehenden Fasern fühlt sich diese Seite des Gewebes weich an und erhält ein besonderes mattes Aussehen. Solche Stoffe mit Haardecke, welche man auch Flor und Pol nennt, weshalb man auch von Flor- und Polkette spricht, bezeichnet man als Samt und Plüsch, sie lassen sich auch ohne Kettschleifenbildung nach dem Durchschnittsbild 159 aus einem Doppelgewebe nach Fig. 99 herstellen, wenn die beiden durch die Kettfäden verbundenen Gewebe durch Aufschneiden der Verbindungsfäden durch ein Zwischenmesser m getrennt werden.

Gewebe mit weicher Haardecke lassen sich auch durch Aufschneiden von Schußfadenschleifen, sogen. Schußsamt, und durch Einknüpfen von Fadenstücken in die Gewebebindung herstellen. Nach Fig. 160 werden Fadenteile durch einfache Schlingknoten um die Schußfäden befestigt, nach Fig. 161 werden Faden-

Einrichtungen zur Bindungsänderung. 123

schleifen mit durchgezogenen Enden um die Schußfäden gelegt und festgebunden. Ein Aufbürsten der vorstehenden Fadenenden macht die Fasern derselben frei.

Diese Haardecken finden bei Fußbodenbelagstoffen, also Teppichen Anwendung und unterscheidet man bei diesen folglich Knüpf- oder nach dem Ursprungsort Smyrna-Teppiche. Bei diesen kann durch verschiedene Fadenart und Farbe bei Handarbeit ein beliebiges Muster, durch Maschinen beschränktere Muster erzielt werden. Wird die Kette der Haardecke bedruckt, so erscheint das Druckmuster, natürlich in der Länge verkürzt, in der Schleifen- oder Haardecke, sogen. Moquette-Gewebe.

Haardeckengewebe lassen sich dann noch durch Eintragen von Schnüren oder Bändchen mit Haarrändern, sogen. Chenille, herstellen. Fig. 162 zeigt links die Herstellung solcher Bändchen, hier nur mit je drei Kettfäden. Diese drei Kettfäden werden mit einem der Haarlänge der Gewebedecke entsprechenden Abstand

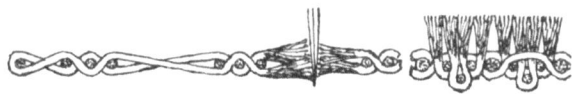

Fig. 162. Herstellung von Bändchen mit Faserrand und deren Verwebung (Axtminster-Teppich).

im Webstuhl eingezogen, so daß der eingetragene Schuß dazwischen frei liegt. In diesen Zwischenräumen wird das Gewebe der Länge nach durch Scheibenmesser in Streifen geschnitten. Die erhaltenen Bändchen mit den aufgeschnittenen Fäden werden dann als Zwischenschuß mit anderen das Fadengefüge des Gewebes sichern den Schußfäden, wie in Fig 162 rechts gezeigt ist, verwebt, und die Haarenden herausgebürstet. Werden nun die Haarbändchen mit Schußwechsel in verschiedener Fadenart hergestellt, so erscheint dieser Wechsel dann quer im Teppichgewebe und bildet in seiner Gegenstellung bei den folgenden Schußlagen ein gewolltes Muster. Ein in der Breite des Gewebes erforderlicher Wechsel der Kettfäden wird durch dieses Verfahren in einem leicht auszuführenden Schußfadenwechsel aufgelöst, und man hat gleichzeitig eine Vervielfältigung des gewollten Musters der sogen. Axtminster-Teppiche.

Beim Weben erfolgt die Bildung der sich bildenden Schleifen durch die Fäden selbst, um also zur Musterung die Schleifen-

124 Die Änderung und der Wechsel der Fäden und Bindungen.

bildung auszuschalten, müssen von den Kettfäden die betreffenden vorübergehend unwirksam gemacht werden. Hierzu wird die Webkette auf mehrere Schäfte verteilt und nur die Schäfte, welche den Schuß in der Fachbildung binden sollen, werden jeweilig ausgehoben. Diese Einrichtung veranschaulicht Fig. 163 im Augenblick der Fachbildung. Ein solches mehrschäftiges Geschirr nimmt der Kettenrichtung nach viel Platz ein und eine gleiche Aushebung der Schäfte bildet deshalb je nach deren Entfernung von den Bindungsstellen des Gewebes verschiedene Aushebewinkel der Fäden, die dann im Ober- und Unterfach aus der gewollten Ebene treten. Man spricht dann von einem **unreinen**

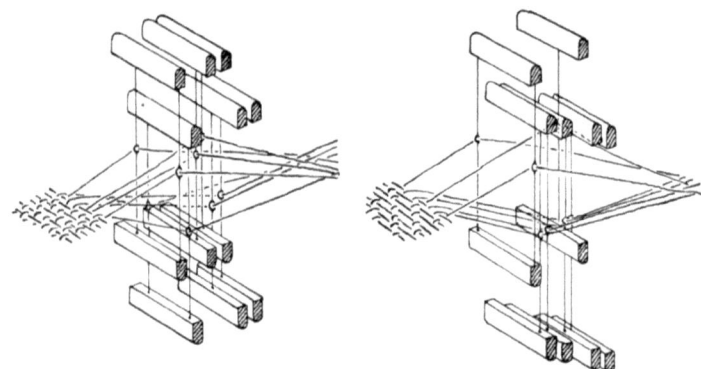

Fig. 163.
Unreines Webfach bei mehrschäftigem Geschirr mit gleicher Schafthebung.

Fig. 164.
Reines Webfach bei gleichem Geschirr durch zunehmende Aushebung der Schäfte.

Fach, und, da für einen guten Schützendurchwurf das Unterfach eine gleichwinklige, also ebene Lage aller darin befindlichen Kettfäden aufweisen muß, ist es nötig, für ein **reines** Webfach das Ausheben der Schäfte mit deren Abstand von der Schußanschlagstelle zunehmend zu machen, wie dies Fig. 164 veranschaulicht.

Die Ausschaltung der Kettfäden zur ungleichen Schleifenbildung bedeutet eine wechselnde ungleiche Verteilung der Fäden in das Ober- und Unterfach und man unterscheidet dabei die einfacheren Verteilungen mit gleichmäßigem Wechsel als Grundbindungen. Um die Mustervorschrift für die Bindungsänderung und den Bindungswechsel festzuhalten, wird, wie schon in den Fig. 142 bis 145 benutzt ist, viereckig gekästeltes Papier ge-

Einrichtungen zur Bindungsänderung. 125

braucht, in dem für die vorzuzeichnende Gewebebindung jedes Kästchen eine Fadenschleife bedeutet. Die bei Draufsicht des Gewebes oben liegenden Kettfadenschleifen werden durch Füllung des Kästchens gegen die leer bleibenden Schußschleifenkästchen ausgezeichnet, was auch umgekehrt erfolgen kann. In dem Verlauf der unterschiedenen Kästchen, wobei verschiedene Füllfarben oder dergl. die verschiedenen Garnarten des Fadenwechsels bezeichnen, finden sich daher allgemein in senkrechter Richtung die Kettfaden-, in wagrechter Richtung die Schußfadenschleifen in der durch die gleichen Kästchen in deren Folge bestimmten Länge. Solche Bindungsbilder im Anhang des Gewebebildes zeigt Fig. 165. Bei *a* ist im Gewebebild noch zur besseren Verdeutlichung der Kette mit Bändchen die einfachste Bindung, wie

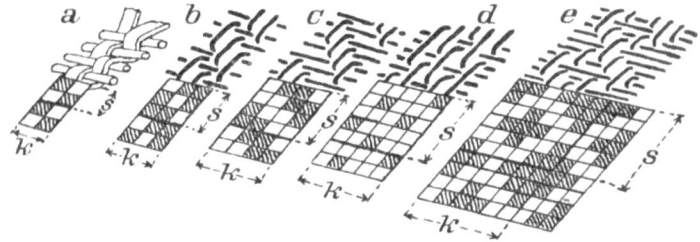

Fig. 165. Gewebebindungsbilder und Musterdarstellung der drei Grundbindungen (Leinwand, Köper und Atlas) mit Vereinigungsbeispiel.

sie in den vorangegangenen Beschreibungen des Webens sich findet, die sogen. Leinwandbindung, auch Taft genannt, gezeigt. Das Musterbild zeigt folglich das bekannte Schachbrett und den Verlauf der Schleifenlagen in Schräglinien. Werden dabei die Kettfäden erst nach jedem zweiten Schuß gebunden (Bild *b*), so hat man die Köper genannte Bindung, die als Kettenköper zu bezeichnen ist, da auch ebenso der Schuß erst nach jedem zweiten Kettenfaden sich bindet, was die Rückseite des Gewebes als Schußköper zeigt. Gegenüber dieser als einbindig-zweifädigen Köper bezeichneten Bindung wird nach dem Bild *c* Kette und Schuß in je über zwei Fäden reichenden Schleifen gebunden, was als zweibindiger Köper bezeichnet wird, und gibt es ebenso auch mehrbindigen-mehrfädigen Köper, für welche alle der schräge Schleifenverlauf, gewissermaßen als Zickzacklinie, kennzeichnend ist. Wenn die Bindung der nachbarlichen Kettfäden je einen Schuß überspringt, so ergibt dies die im Bild d wiedergegebene Bindung, den Atlas oder Satin, welche sich durch das lange Glattliegen, auf einer Seite der Kett- auf der anderen Stoffseite der Schußfäden, kennzeichnet, wodurch die Eigenschaft des Garnes z. B. der Glanz bei Seidengarn sich auf das Aussehen des Stoffes überträgt. Auch hier unterscheidet man neben dem dargestellten zweibindigen Atlas auch mehrbindigen.

Die drei Grundbedingungen: Leinwand, Köper nnd Atlas, die man auch als einfache, doppelt und mehrfach wechselnde und überspringende Bindung bezeichnen kann, lassen sich nun beliebig zusammensetzen, um wechselnde Schrägstreifen und vortretende Stellen in Kreuz-, gerader und verschobener Viereckform zu bilden, wovon das Bild e ein Beispiel gibt. Es ist aber für alle diese durch Schaftbewegung, also in Reihen verteilte Aushebung der Kettfäden hergestellten Bindungen kennzeichnend, daß deren Muster nur gerade und zackige Viereckformen aufweisen. Die Größe des Musters, oder, besser gesagt, die Mustereinheit der Bindung, welche sich immer wiederholt, ist von der Verteilung der Kette auf die Webschäfte, also der Schaftzahl und der Schußzahl, nach welcher die Wiederholung eintritt, abhängig. Die Schaftzahl begrenzt die Mustereinheit, kleinere Mustereinheiten sind aber bei größerer ein Vielfaches darstellender Schaftzahl möglich. Man hat daher bei jedem Muster die Teilung in der Kettfadenrichtung s und der Schußrichtung k zu unterscheiden, d. h. Schaft- und Schußmusterteilung (Rapport).

Wenn das im Gewebe durch die Bindungsmündung hervortretende, oft durch Garnverschiedenheit dabei ersichtlicher gemachte Musterbild beliebige und gebogene Formen aufweisen soll, so ist die Musterherstellung nur durch Einzelausheben der Kettfäden möglich. Dieselben gehen dann durch die Augen von frei hängenden mit Beschwerungsdrähten behangenen Litzen, die in einem gelochten Brett, dem Chorbrett, nach der Hubvorrichtung geleitet werden. Die Schnurzugeinrichtung der Litzen nennt man Harnisch. Fig. 166 gibt als Beispiel für diese beliebigen Fadenbindungen das Gewebebild und die Mustervorschrift für das Einweben eines Formblattes, das sich in versetzten Reihen wieder-

Einrichtungen zur Bindungsänderung. 127

holt, wobei es dann ebenso eine Musterteilung nach Ketten- und Schußrichtung gibt.

Wie ersichtlich werden bei solchen Formmustern die Fadenschleifen oft sehr weit, die Fäden liegen in großer Länge frei und der Stoff verliert durch die fehlende Bindung sein Haltgefüge. Deshalb wird dem Stoff neben der Musterungsbindung noch eine Haltbindung gegeben, wozu eine der drei Grund-

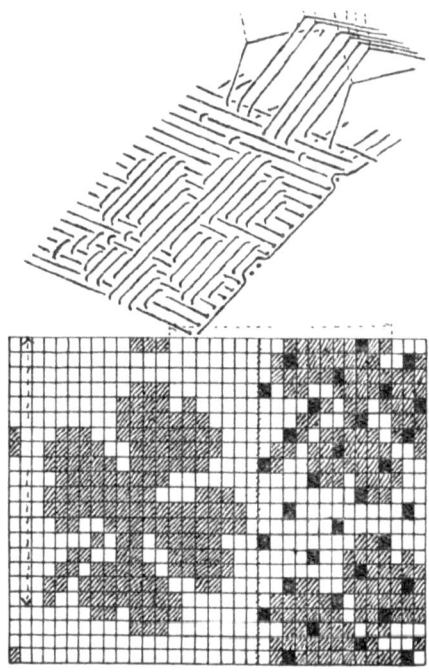

Fig. 166. Gewebe- und Musterbild als Beispiel beliebiger Musterung.

bindungen benutzt wird, vorzugsweise, wie auch in Fig. 166 in der Musterkarte rechts durch schwarze Kästchen ersichtlich gemacht ist, durch einen mehrbindigen Atlas, weil dieser die Formmusterbindung weniger beeinflußt. Die Herstellung dieser Nebenbindung erfolgt dann durch Schäfte, durch deren Litzen die Kettfäden ebenfalls gehen. Es gibt auf dem Webstuhl dann neben dem Harnisch ein Geschirr, das sogen. Vordergeschirr. Die im Muster vorkommenden geschwungenen Begrenzungslinien müssen für die Musterkarte in einzelne Vierecke aufgelöst werden. Die Gewebe mit solchen weitschleifigen durch Nebenbindung gesicherten Mustern nennt man **Damaste**.

Bei den einfachen Geweben, das sind die mit einfacher Kette und darin sich folgenden Schäften, erscheint das Muster auf beiden Seiten des Stoffes entgegengesetzt. Bei Doppel- und mehrfachen Geweben, Fig. 99 und 100 können beide Gewebeseiten ganz verschiedene Musterung erhalten und es kann eine Kettfadenart, wenn in der Mitte des mehrfachen Gewebes verbleibend, vorübergehend ganz in den Mustern verschwinden. Auch bei den Schleifengeweben und Geweben mit Haardecke kann durch Ausheben einzelner Fäden eine beliebige Musterung der Schleifen- und Haardecke erzielt werden, und es bietet in Zusammenfassung aller dieser Musterungsmöglichkeiten, zu denen noch die teilweise Eintragung von Schußfäden in der Webbreite durch eine zweite Teillade mit besonderen durch Stangen verschobenen Schützen, die sogen. **Brochierstoffe**, zu rechnen ist, eine fast unerschöpfliche Gewebemusterung, die namentlich auch der Geschmacksbetätigung als **Gebildweberei** ein großes und künstlerisches Feld eröffnet.

5. Die Maschenänderung zur Musterung der Gestricke. Beim Wirken und Stricken erfolgt die Bindung der Maschen durch deren Überwerfen. Zur vorübergehenden Ausschaltung der Maschenbindung ist folglich die Stillsetzung der hierzu dienenden Mittel, bei der Hakennadel die Presse, und bei dieser Nadel und der Zungennadel das Zurückziehen derselben nötig. Zur Bindungsänderung gibt es aber hier noch ein weiteres Hilfsmittel, das **Übertragen der Maschen**, was in einem Überhängen der gebildeten Maschen vor ihrem Überwerfen auf die Nachbarnadel besteht. Fig. 167 macht diesen Vorgang in drei Arbeitsstufen bei Hakennadeln deutlich. Von den auf den Nadeln n und m hängenden Maschen 1 und 2 soll die Masche 1 mit auf die Nadel m kommen. Hierzu wird nach dem Bild a eine unten muldenartig ausgehöhlte Nadel d, die sog. **Decknadel**, benutzt, die sich zur vollen Abdeckung des Hakens auf die Nadel n legt (Bild b) und das Gewirk wird nun auf den Nadeln vorgeschoben, so daß die Masche 1 auf die Decknadel zu hängen kommt, was für die Masche 1 im Bild b besonders hervorgehoben ist. Die dann von dem Haken der Nadel n abgehobene, zur Seite nach der Nadel m

Einrichtungen zur Bindungsänderung. 129

und auf deren Haken niedergelassene Decknadel bringt, während die andere Masche 2 in der Nadel m hängen bleibt, wie im Bild c links angegeben ist, die gefaßte Masche über die Nadel m. Wird das Gewirk dann auf den Nadeln zurückgeschoben, befindet sich, wie im Bild c rechts gezeigt ist, die Doppelmasche 1, 2 auf der Nadel m zum nachfolgenden Überwerfen, nachdem die Decknadel in ihre Ruhestellung vor und über der Nadelreihe zurück gezogen ist.

Bei der Strickmaschine, also den Zungennadeln, besitzt nach Fig. 168 die Maschenüberhebenadel h an ihrem Ende eine Öse, die sich in die Hakenspitze der Nadel z legt. Wenn beim Zurückziehen derselben die Masche s über die Nadelzunge gleitet, so wird sie beim Abfallen von der Nadel h aufgefangen und durch Seitwärtsführung derselben in den Haken der Nachbarnadel überführt. Diese beiden Einrichtungen dienen zur Schmälerung oder Minderung der Warenbreite, womit ein Zurückziehen der Nadeln oder eine Verkürzung des Fadenführerweges zum Einlegen des Fadens in die Nadeln, da solche an den Seiten keine Maschen mehr bilden dürfen, zu verbinden ist.

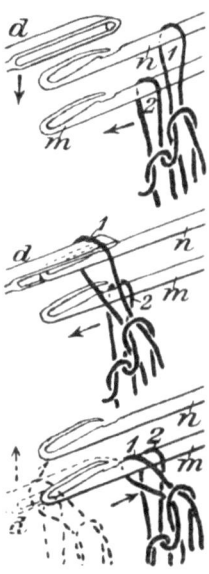

Fig. 167. Arbeitsvorgang des Maschenübertragens (Minderns) bei Hakennadeln.

In Fig. 169 ist links die fortlaufende Randmaschenbindung bei der Minderung ersichtlich gemacht. Während bei der vollen Warenbreite in der Herstellungsrichtung der Ware, also von unten nach oben, in den Maschenreihen 1 und 2 bei vollem Fadenführerausschub Masche über Masche kommt, findet nach der Reihe 3 die Randmaschenübertragung mit der Fadenführerverschiebung oder dem Rückzug der Randnadel statt, so daß die Reihe 4 um eine Masche verkürzt ist. Dies kann sich nach jeder zweiten Maschenreihe, also der Reihe 5, wiederholen. Die Maschenübertragung kann nach Fig. 170 auch um zwei Nadeln und mehr erfolgen. Fig. 169 zeigt rechts das

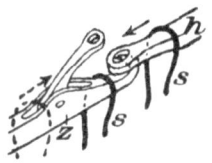

Fig. 168. Ösennadel zum Mindern bei der Zungennadel.

Rohn, Garnverarbeitung. 9

130   Die Änderung und der Wechsel der Fäden und Bindungen.

Bindungsbild für die Zunahme der Maschenreihen, indem immer bei der Fadenführerkehrung in eine Nadel am Rande mehr Faden eingelegt wird. Dieses Zunehmen und Mindern bedingt ein reihenweises, hin- und hergehendes Maschenbilden, ist also beim Rundwirken nur mit schwingendem Fadeneinleger anzuwenden.

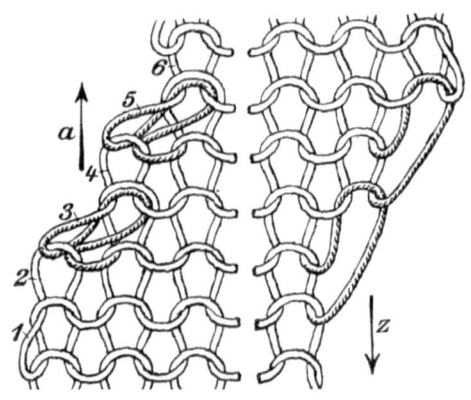

Fig. 169.
Bindungsbilder: links für das Mindern, rechts für das Zunehmen der Warenbreite.

Beim Rundstricken, wo das Mindern zur Herstellung von Schläuchen mit veränderlichem, der zu bedeckenden Form angepaßtem Durchmesser hergestellt wird, ist dies aber auf der Doppelflachstrickmaschine mit einfach hin- und hergehendem Fadenführer leicht zu machen. Auf Rundstrickmaschinen kann ebenso durch Wechseln des Kreisganges in einem schwingenden Gang an einen Schlauch ein flaches Stück mit veränderlicher Breite angearbeitet werden.

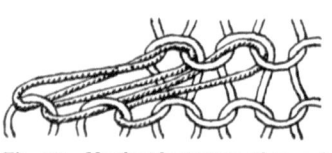

Fig. 170. Maschenübertragung über zwei Nachbarnadeln.

Wenn man die Warenränder in Fig. 169 betrachtet, sieht man, daß der geminderte Rand (links) gegen den Zunehmerand (rechts) eine bessere Fadenbindung aufweist, also fester ist, und da nun der zugenommene Rand in der, der Arbeitsrichtung (Pfeil a) entgegengesetzten Richtung (Pfeil z) auch als geminderter Rand erscheint, so wird man bei nur abnehmender Form, wie sog. Bein- oder Strumpf-

Einrichtungen zur Bindungsänderung. 131

längen, nur mindernd arbeiten. Diese Formen werden flach gearbeitet und die geminderten festen Ränder dann zusammengenäht. Solche formgearbeiteten Stücke nennt man regulär oder auch formmäßig gearbeitet.

Die genannten drei Musterungsmittel sind mit Veranschaulichung der Maschenbildung in Fig. 171 zusammengestellt. Wird nach dem Bilde a die mittelste der drei Hakennadeln h, die auch

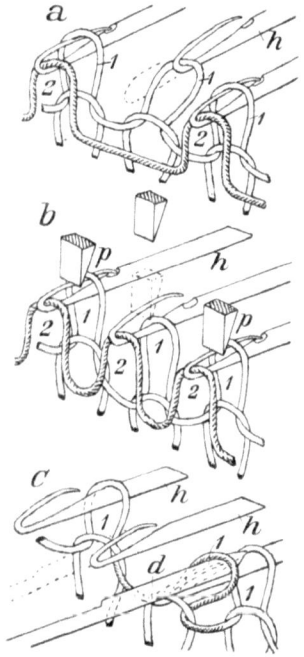

Fig. 171. Änderung der Maschenbindung.

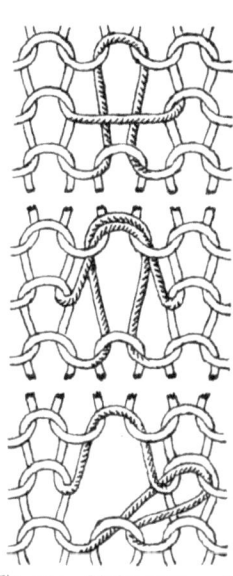

Fig. 172. Bindungsbilder für die drei nebenstehenden Arten der Ausschaltung von Maschenbindungsmitteln.

Zungennadeln sein können, aus dem Arbeitsbereich gezogen, so kann diese Nadel keinen Faden mehr eingelegt bekommen und die Maschen der Seitennadeln gehen ineinander über, wie dies die gestrichelte zweite Maschenreihe zeigt. Wenn die sonst über die Nadelreihe reichende Preßschiene nach dem Bilde b in, die Nadeln h einzeln und unabhängig voneinander pressende Teile p zerlegt wird, so wird die mittlere, ausgehoben bleibende Presse den zukommenden Nadelhaken nicht schließen, die Masche *1* wird

9*

132 Die Änderung und der Wechsel der Fäden und Bindungen.

nicht abgeworfen und auf der mittleren Nadel h verbleibt eine Doppelmasche. Nach dem Bilde c wird dann eine Doppelmasche durch Überhängung der Mittelmasche *1* auf die rechte Nadel h mittels der Decknadel d hergestellt.

Die drei sich ergebenden verschiedenen Maschenbindungsbilder zeigt Fig. 172, und es werden im Gestrick gewissermaßen

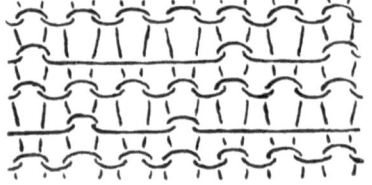

Fig. 173.
Musterbild von Langmaschen mit versetzten freien Querfäden belegt (Querstreifenmuster).

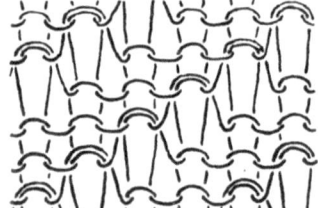

Fig. 174.
Schrägstreifen mit Langmaschen.

hohle Stellen fertig, die bei Ausdehnung der Mittelanwendung und deren Wechsel verschiedenartige Musterungen ergeben; so zeigt Fig. 173 ein Gestrick mit Querstreifen bildendes, versetztes Freiliegen des Fadens, Fig. 174 die in Schrägstreifen erscheinenden Langmaschen, Fig. 175 das ein hohl eingeschlossenes Viereck

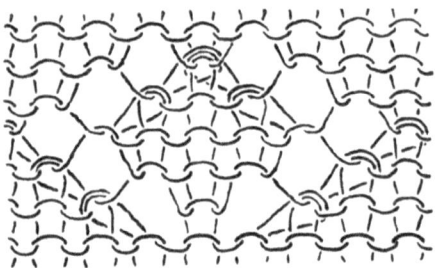

Fig. 175. Durch Hohlbindung hervorgehobenes Muster (Petinetmuster).

bildende Übertragen von Maschen, die sog. **Petinetware**. Alle drei Muster sind natürlich nur Beispiele der bei Flachstrickmaschinen und Flachwirkstühlen zu erzielenden Bindungsänderungen. Deren beschriebene drei Hilfsmittel lassen sich natürlich vereinigt und in Verbindung mit dem Quergeschränkt-Maschenbilden anwenden, was eine gewaltige Vielseitigkeit der Musterung

Einrichtungen zur Bindungsänderung. 133

der mit Verarbeitung eines Fadens hergestellten Gewirke und Gestricke ergibt. Hierzu sind nur zwei Musterbeispiele in Fig. 176

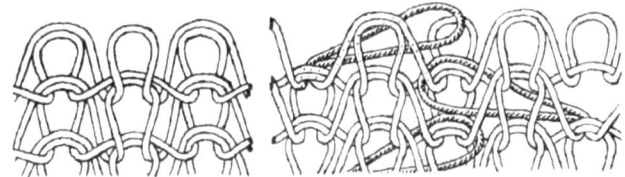

Fig. 176. Zwei Musterbeispiele für die Verbindung von Maschenausschaltmitteln mit Quergeschränktmaschen (Fangmuster).

gegeben, die in ihrem Fadengefüge nach den bisherigen Erläuterungen verständlich sein werden.

Zur Ausführung der Muster werden nach vorstehendem bei den Wirkstühlen die Nadeln und die Pressenteile, gegebenenfalls auch die Scheiden im gegebenen Falle zurückgezogen und ebenso die Decknadeln in Tätigkeit gesetzt. Bei den Strickmaschinen, wo die Maschenbildung und das Abwerfen nur der Nadelbewegung zufällt, muß diese im gegebenen Falle unterbrochen oder begrenzt werden, wozu das die Nadelbewegung besorgende Schloß durch Einstellbarmachen einzelner Teilstücke, der Schloßdreieckteile, ausgebildet wird. Diese vorübergehende Schloßeinstellung ist auch bei den Längsgeschränkt-Strickmaschinen mit zwei Nadelbetten zur Musterherstellung für die Bildung von Lang- und Doppelmaschen und zum Maschenaussetzen der Fall.

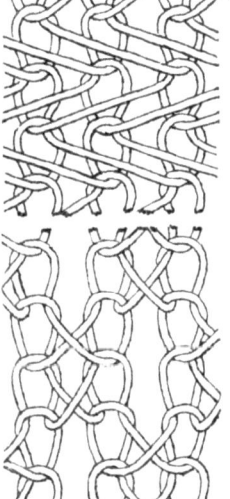

Bei dem Kettenwirken und -stricken, d. h. dem Maschen-Längsreihen, können die beschriebenen Musterungsmittel der Querreihen angewendet werden, also das Ausschalten von Nadeln und die geteilte Presse. Dazu tritt als weiteres Musterungsmittel die

Fig. 177. Musterbilder von Kettengestricken mit versetzten Maschenreihen und unterbrochener Maschenbindung.

vorübergehende Beeinflussung der Faden- oder Maschenleger, damit dieselben die Schlingen über die Nachbarnadeln hinweg und anstatt Schlingen Schleifen legen, um Bindungsbilder, wie

134 Die Änderung und der Wechsel der Fäden und Bindungen.

beispielsweise die Fig. 177 und 178 zeigen, zu erzeugen, wobei im letzteren Bild auch ein Nadelausschalten stattfindet. Das Versetzt-Verstricken von Ketten, also das Überspringen von Nadeln in deren Reihe durch die Leger, ergibt eine längere Freilage der Fäden, ähnlich wie bei der Atlasbindung der Weberei, weshalb auch die eine solche Maschenbindung nach Fig. 177 oben zeigende Ware mit Atlas bezeichnet wird, dessen glatte Fläche besonders bei Seidengarn einen hohen Glanz gibt. Hier kann die Herstellung mit mehr als zwei Schienen mit Fadenlegern durch entsprechende Musterräder zu deren Querverschiebung erfolgen.

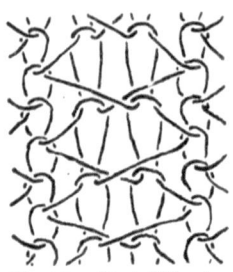

Fig. 178. Musterbild eines Kettengestrickes mit mehrfachen Musterungsmitteln.

Für die Bildung wechselnder Fadenketten, d. h. solcher aus Schlingen und Schleifen, ist eine Einzeleinstellung der Legernadeln erforderlich. Hierzu werden diese federnd gemacht und je für sich gegebenenfalls durch Sperrstifte an der Teilnahme der seitlichen Legerbewegung gehindert. Eine bezügliche Einrichtung an einem Wirkstuhl mit senkrecht beweglichen Hakennadeln und wagerechten Scheiden zeigt Fig. 179. Für jeden Leger l ist ein senkrecht geführter und für gewöhnlich durch eine Aufsteckfeder e niedergehaltener Stift t vorhanden, welche Stifte zwischen die Leger eintreten und diese an der Teilnahme der seitlichen Verschiebung der Legerschiene i durch Abbiegen aufhalten, so daß die zugehörige Nadel nicht mit dem Faden f umlegt wird.

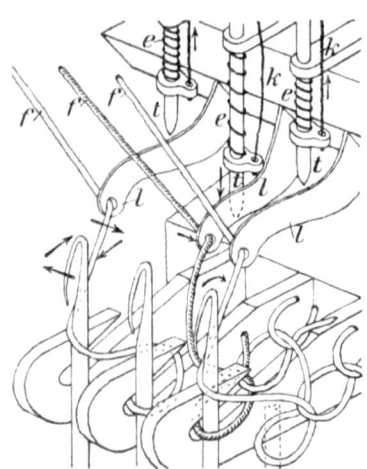

Fig. 179. Einrichtung zur Beeinflussung jeder einzelnen Legernadel zur Musterung beim Ketten-Wirken und Stricken.

Die Stifte t stehen mit Zugketten k in Verbindung, so daß beim Anziehen des Stiftes derselbe über den Leger tritt und letzterer die Bewegung zum Legen des Fadens über die Nadel bezw. den Rück-

Einrichtungen zur Bindungsänderung. 135

gang zur vollen Schlingenbildung mitmachen kann. Die Einrichtung ist natürlich auch bei Kettenstrickmaschinen nach dem Bild 119 passend, wobei die Musterung mit dem wechselnden Geschränktstricken noch vielseitiger wird.

6. Die Musterung beim Tüllweben. Aus der Ähnlichkeit mit dem Weben müßte sich auch hier eine Musterung durch Schaft- und Schützenwechsel ergeben, doch sind solche Möglichkeiten wegen technischer Schwierigkeiten noch nicht durchgeführt. Die Anordnung mehrerer Schäfte mit gesonderter Bewegung bedingt auch eine entsprechende Ausschaltung von Schützen in der im ganzen bewegten Reihe, was eine Teilung der Stoßschienen erfordert, und der Schützenwechsel an den Rändern des Tüllgewebes ist nicht in gleich einfacher Weise wie im Webstuhl durchzuführen. Ein besonderes Hilfsmittel der Musterung besteht aber neben der Wiederholung der Umschlingungen nach Fig. 54

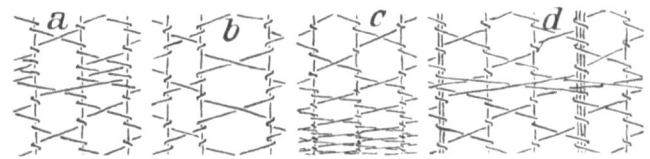

Fig. 180. Bindungsbilder für die Musterung von Tüllgeweben.

bis 57 in der seitlichen Verschiebung der Schützenladen, um beim Übergehen der Schützen zur Umschlingung des nächsten Stützfadens ein oder mehrere derselben zu überspringen oder absetzend zurückzukehren (vgl. Fig. 55). So zeigt für ersteren Fall Fig. 180 im Bindungsbilde a, wie die Schußfäden die Stützfäden nur schleifenartig fassen, also nach Schleifenfassung zum ersten Stützfaden zurückkehren und gegebenenfalls die zwei benachbarten Stützfäden sich kreuzend mehrere Male zusammen umschlingen, um dann zum nächsten Stützfaden in glatter Lage, einen Stützfaden überspringend, überzugehen. Durch die Häufung von solchen Doppelfadenumschlingungen werden im Schleierstoff dichte Stellen, also Punkte gebildet.

Die ungleiche Seitenverschiebung der Schützenlade ermöglicht auch die Herstellung von Stoffen mit wechselnder Lochweite, wie das Muster b veranschaulicht. Hier wechseln enge mit weiten Löchern in der Breitenrichtung des Stoffes. Eine

136 Die Änderung und der Wechsel der Fäden und Bindungen.

Wechselung in der Längenrichtung wird durch einen veränderlichen Warenabzug erzielt. So zeigt das Muster c eine allmähliche Abnahme der Fortrückung des Warenbaumes, um im Stoff dichte Querstreifen zu erzeugen. Solche Streifen werden auch mit weitem Überspringen der Stützfäden mit gleichzeitig gemindertem Warenabzug hergestellt, wie das Muster d veranschaulicht, und ist dieser wechselnde Abzug auch bei der Punktherstellung nach dem Muster a anzuwenden. Das Musterbild d zeigt auch die Verwendung von gedoppelten und mehrfachen, also gefachten Stützfäden, und sind natürlich Musterungen durch in Stärke, Farbe und Güte verschiedener Fäden, auch in Verbindung mit den erwähnten Möglichkeiten, anwendbar.

7. Die Musterung bei Schleierstoffen mit hin- und hergebundenen Fäden. Die Musterung der Grundfadenbindung, wo die zwischen Stützfäden hin- und hergehenden Fäden durch besondere Schlingfäden mit den Stützfäden gebunden werden, ist eine, trotz dem gleichen Umschlingungen-Bilden wie bei der Tüllweberei, wesentlich vielseitigere. Hier bleibt eben der Schlingfadenschützen in seinem Ladengang und die Bewegung der Querfäden übernehmen Schäfte, wobei, wenn die Stützfadenreihe auf mehrere Schäfte verteilt wird, durch wechselnde Bewegung derselben ähnlich wie bei der Weberei verschiedene Bindungen hergestellt werden. Schon Fig. 61 zeigt, wie durch zeitweiliges Aussetzen der Querfaden-Verschiebung durch fortgesetztes Einschlingen der Querfäden mit den Stützfäden Durchbrechungen oder Netzöffnungen im Stoff entstehen. Wenn die Verschiebung der Querfäden absetzend über mehreren Stützfäden weiterschreitet und dabei immer eine Bindung

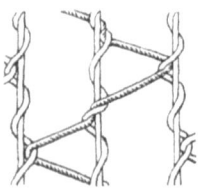

Fig. 181.
Absetzend weiterschreitende Verschiebung der Querfäden mit jedesmaliger Bindung an den Stützfäden.

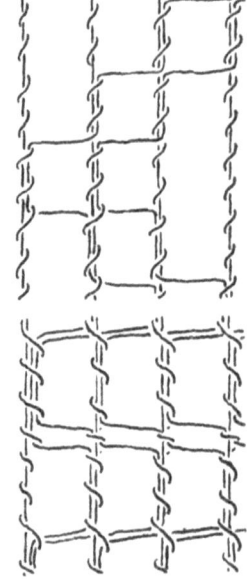

Fig. 182. Erweiterungen der Bindung Abb. 181 mit Zwischenumschlingung vor dem Kehren.

Einrichtungen zur Bindungsänderung. 137

an den Stützfäden durch Einschlingung stattfindet, so ergibt dies das Bindungsbild Fig. 181, dessen Erweiterung, also die Wiederholung der einseitigen Verschiebung mit Zwischeneinschluß der Querfäden in zwei Beispielen Fig. 182 darstellt. Man bezeichnet die Grundbindung nach Fig. 181 als „barnet" oder Brüsselgrund, die Bindung Fig. 182 oben als „everlasting", unten als „squareground". In dem Gewerbszweige der Herstellung solcher gemusterter Vorhang- und Schleierstoffe, der mit „englischer Gardinenweberei" bezeichnet wird, sind die englischen Bezeichnungen auch deutscherseits noch in vollem Gebrauch.

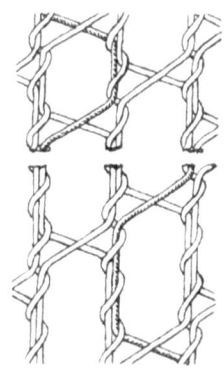

Fig. 183.
Bindungen ohne Stützfäden.

Man ist bei doppelter Einschlingung, wenn die Kehrstellen der Querfäden gegeneinander treffen, in der Lage, auch ohne

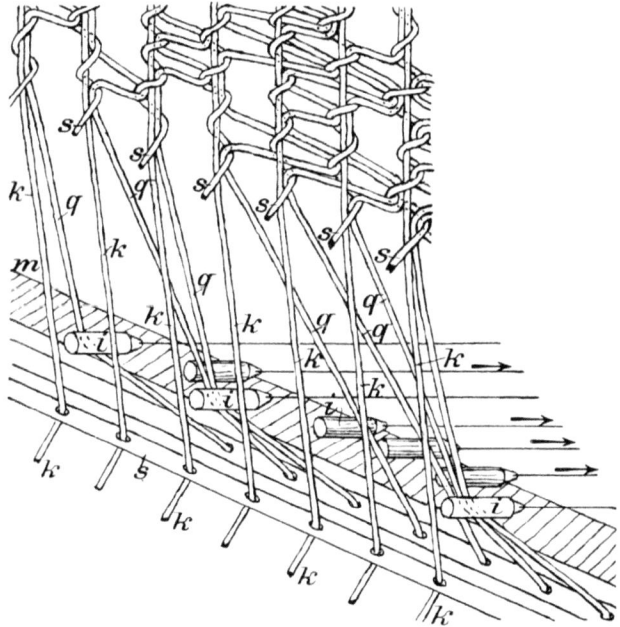

Fig. 184. Einzelfadenregelung zur seitlichen Bindung der Querfäden.

138 Die Änderung und der Wechsel der Fäden und Bindungen.

Stützfäden eine haltbare Fadenverbindung zu erzielen, wie die dann als Kreuzgrund bezeichneten Bindungsbilder Fig. 183 ergeben, oben mit einfacher, unten mit doppelter Einschlingung. Bei der Ähnlichkeit mit der Tüllbindung Fig. 52 fehlt aber die Wechselung der Fadenlage an der Kreuzungsstelle, welche dem Fadengefüge des Tüll seine Steifigkeit gibt.

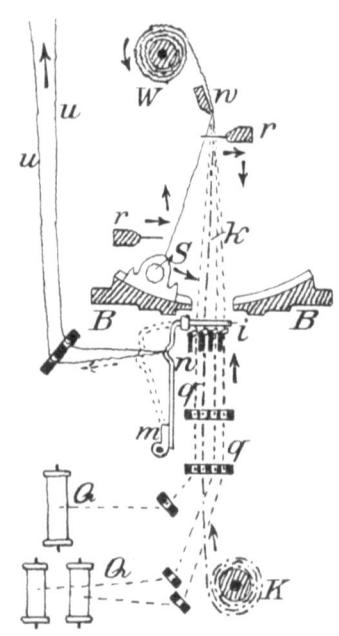

Fig. 185. Schnitt der Stuhlanordnung für die Musterung bei der Bindung von Querfäden und der Zusammenführung von Stützfäden.

Ein weiteres Musterungsmittel ist das Aufhalten einzelner Querfäden an der Verschiebung der Reihe derselben durch die Führungsschäfte, die entsprechend der Größe und des wiederholten Absetzens und veränderlichen Kehrens ihre seitliche Bewegung sowie ihre jeweils erforderliche Ruhelage erhalten. Für die Einzelausschaltung eines Fadens, also zur Ruhelage während der Bewegung der übrigen Fäden, dient ein Aufhaltrechen mit für jeden Faden einzeln einzustellenden Zinken. Dem Arbeitsbilde der Maschine in Fig. 127 gemäß ist mit Beibehaltung der Buchstabenbezeichnung für gleiche Teile diese Einrichtung in Fig. 184 veranschaulicht. Neben der für die Schlingenbildung verschiebbaren Leitschiene (Schaft) für die Stützfäden k und dem Schaft für die Querfäden q ist eine gegebenenfalls für ein gemeinschaftliches Aufhalten der Fadenreihe ebenfalls verschiebbare Schiene m mit Durchsteckstiften i vorhanden, welche durch Schnurenzüge in die Schiene zurückgezogen werden können. Erfolgt dies, so ist für das seitliche Verziehen der Querfäden kein Hindernis vorhanden, sonst werden diese Fäden aufgehalten und begrenzen die Stifte, je nachdem eine, zwei oder mehrere der dem Faden in der Reihe folgenden Stifte zurückgezogen werden, die Weite der Verschiebung, also auch das Maß, mit welchem sie sich über die Stützfadenreihe quer legen. Es werden, wie dies

Einrichtungen zur Bindungsänderung. 139

das im oberen Teil der Fig. 184 gegebene Bindungsmuster zeigt, auf diese Weise im Stoff hohle Stellen, also Löcher, und durch die Häufung von Fadenlagen zwischen den Stützfäden dichte Stellen im Stoff erzeugt. In Fig. 185 ist die Einrichtung der Arbeitsmaschine, des Schleierstoff-Stuhles, im Schnitt mit den Buchstaben der Fig. 127 dargestellt und werden darnach zur Vielseitigkeit der Musterung die Querfäden auf mehrere Schäfte mit gesonderter Bewegung verteilt. Über diesen Schäften n greifen die Zinken i eines Rechens zwischen die Fäden und diese Zinken sind Drahtwinkel, welche beweglich an der Schiene m sitzen und von den Schnüren u so zurückgezogen werden, daß sie einzeln aus dem Bereich einer oder mehrerer Fadenreihen vor

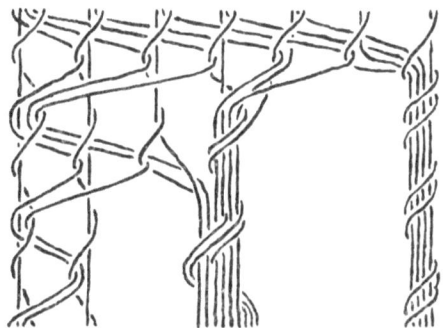

Fig. 186. Bindungsglied für verschieden weite Bindung der Querfäden und das Zusammennehmen mit Stützfäden.

deren Seitenverschiebung treten, oder auch insgesamt durch Kippen der Schiene m zurücktreten.

Wie schon bemerkt, können auch die Stützfäden seitlich verschoben werden und damit zur Einschlingung mit Nachbarfäden kommen, diese Seitenbewegung kann auch mit Hilfe der einstellbaren Aufhaltstifte einzeln erfolgen, und somit können Bindungen erzeugt werden, von denen Fig. 186 ein Beispiel gibt.

Daß bei diesen Fadenbindungen die Verwendung nach Art, Farbe, Stärke und Güte verschiedener Fäden die Musterungsmöglichkeit zu erhöhen ist, ist erklärlich.

8. Zusammenfassung. Auch bei der Herstellung von Stoffen mit reihenweiser Knotenbildung, den geknoteten Netzen, ist auf die beschriebene Weise mit Garnverschiedenheit und Ausschaltung einzelner Arbeitswerkzeuge eine Musterung durchführbar, wenn eine solche des Schmuckes oder sonstwie halber verlangt wird. Bei allen Garnverarbeitungsarten ist die Verbindung oder Vereinigung der verschiedenen Musterungsmöglichkeiten anwendbar und ergibt, wenn auch noch nicht durchweg praktisch eingeführt, doch immer eine ungeheure und fast unerschöpfliche Veränderung in der Fadenbindung und dem Aussehen der Stoffe. Die Ausnutzung der Bindungsänderungen und ihre Zusammenstellung unter Benutzung der Garnverschiedenheiten läßt eine dauernd schöpferische Tätigkeit des Mustermachers oder Musterbildners zu, welche mit Rücksicht auf die dabei erzielte Wirkung nicht nur technisch immer neu schöpfend, sondern auch künstlerisch wird. Technisch für die Maschinenarbeit, also die Garnverarbeitung betrachtet, handelt es sich bei der Musterung um Bewegungen der Arbeits- und Hilfswerkzeuge, die beliebig wirksam sein müssen, also ein- und ausgeschaltet, stillgesetzt und eingerückt werden müssen. Es sind beim **Flechten** die Weichenzungen einzustellen, die Klöppel ein- und auszurücken und die Schlingenbildner einzustellen, beim **Weben** sind die Schäfte und Schützenkasten sowie die Einzelfadenführungen beliebig einzustellen, beim **Wirken** sind die Nadeln ein- und auszuschalten, die Pressenteile dazu zur Wirkung zu bringen und die Maschenübertrager einzustellen, beim **Stricken** die Nadeln zurückzuziehen und das Schloß einzustellen, beim **Wirken und Stricken** sind die Führer der verschiedenen Fäden jeweils in Tätigkeit zu bringen, bei der **Schleierstoffherstellung**, beim Verschlingen von Längs- und Querfäden, sowie beim **Netzen und Knoten** sind die Fadenbewegungen zu regeln und bei allen diesen Arbeitsmaschinen die Fadenspannung und der Warenbezug zu beeinflussen und, wie gezeigt, noch manches Mögliche mehr. **Immer sind im gegebenen Zeitpunkte Bewegungen vorzunehmen.** Bei allen Garnverarbeitungsmaschinen ist also die mechanische Musterungsarbeit an sich die gleiche, nämlich die Beeinflussung der Arbeit der Werkzeuge durch Einstellen derselben nach der Musterungsvorschrift, und zwar durch Vornahme einfacher Bewegungen oder Teileinstellungen. Es handelt sich dabei immer um Verschiebungen durch Anzug oder Verdrücken. Das ist das Gleiche und Einigende für alle Garnverarbeiter.

Vierter Teil.
Die Mustervorschrift und ihre Ausführung und Übertragung auf die Garnverarbeitungsmaschinen.

I. Vorbemerkung.

Wie beim menschlichen Körper die Bewegungen der Glieder von dem Wollen im Gehirn bestimmt werden, so muß nun auch in der Garnverarbeitungsmaschine, wenn sie Muster erzeugen soll, eine Stelle vorhanden sein, von welcher aus die Tätigkeit der Arbeitswerkzeuge mit ihren Hilfseinrichtungen so geregelt wird, daß das gewünschte Muster zustande kommt. Es ist also eine Mustervorschrift nötig, deren Befolgung den arbeitenden Teilen mitgeteilt werden muß. Diese Wirkung der Mustervorschrift, Bewegungen vorübergehend einzuleiten und auszuschalten, ist bei den verschiedenen Garnverarbeitungsarten immer die gleiche, die Mustervorschrift hat, in die Maschine eingelegt, die Arbeit derselben zu beeinflussen, sie stellt also den Ausdruck des geistigen Wollens dar, welcher die sonst bei der Erzeugung glatter Waren rein mechanisch arbeitende Maschine belebt, und sie erhebt diese Maschinen so, daß ihre Leistungen zum Bewundernswerten werden. Die in ihren Schönheitswirkungen oft überraschenden, gemusterten Stoffe bergen eine geistig schaffende Arbeit in sich, welche nicht nur in dem Entwurf des Musters selbst, sondern in der geradezu erfinderischen Tätigkeit zur Umsetzung des Musters in eine Arbeitsvorschrift der Maschine besteht. Hierbei gilt es nach Bestimmung der Herstellungsart des Stoffes, des Flechtens, Webens, Strickens und Wirkens u. s. f., das in seiner Form und seinem Gefüge gegebene Muster in einzelne den Arbeitspielen der Maschine entsprechende Teile zu zerlegen und in diesen Teilen die vorübergehende Tätigkeit der Arbeitswerkzeuge festzustellen.

Wenn man das Gefüge der Fäden bei deren verschiedenen Bindungsarten betrachtet, so finden sich Fadenlagen, Faden-Schleifen und Schlingen, Fadenmaschen, bald oben, bald unten liegend und offene und dichte Stellen. Man kann **ganz allgemein** die Waren in ihren Gefügeteilen, gewissermaßen den Einzelzellen, bildlich als aneinandergereihte Vierecke darstellen, so daß ein durch senkrechte und wagerechte Linien gebildetes Netz entsteht, in dessen Vierecke, oder wie man auch spricht, Kästchen die Verschiedenheit der Fadenlage durch Ausfüllen oder Leerlassen eingetragen, wobei die Garnverschiedenheit durch verschiedenartige (volle, gepunktete oder gestrichelte) oder verschiedenfarbige Füllung kenntlich gemacht wird. Es werden also **technische Musterbilder** gemacht, wie solche schon die Fig. 142 bis 145 sowie 165 und 166 zeigen, und dies dort für die Weberei gezeigte Verfahren wird auch für gemusterte Geflechte und Gestricke und gemusterte Netz- und Schleierstoffe gehandhabt, wobei im letzteren Fall auch die Dichtheit der Querfadenlagen in ihrer Verschiedenheit wiederzugeben ist, z. B. durch Teilung der Vierecke mit teilweiser und voller Ausfüllung.

In einem solchen Musterbilde entspricht dann jede wagerechte Reihe einem Arbeitspiel der Maschine, und die Füllung der Kästchen zeigt, da diese der Bindungseinheit entsprechen, welche der Werkzeuge in der Reihe tätig zu sein haben bezw. untätig sein sollen. Der Wechsel der Kästchenfüllungen in den aufeinander folgenden Reihen gibt nun den Verlauf der Tätigkeit zur Musterherstellung, und dieser Verlauf in dem Muster oder **Arbeitsvorbild** ist nun in einem in die Maschine einzulegenden Teile festzuhalten. Dabei ist zu berücksichtigen, daß für die sich wiederholenden Kleinmuster nur die Teilung des Musters in Betracht kommt, und daß bei der Mehrfadenverarbeitung die Einzelfäden dem Muster entsprechend auf die Arbeitswerkzeuge zu verteilen sind.

Die Regelung der Tätigkeit der Arbeitswerkzeuge, deren Ein- und Ausschaltung, besteht nun, wie gezeigt, in der Hervorbringung von Schiebungen durch Zug- und Druckzeuge, und es sind also diese Bewegungsstücke von dem Musterungskörper aus zu betätigen. Diese Betätigung kann unmittelbar oder durch eingeschaltete Hilfsmittel erfolgen, so daß man **unmittelbar wirkende** und **mittelbar wirkende Mustervorschriften** unterscheidet.

II. Unmittelbar wirkende Mustervorschriften.

Eine unmittelbare Schiebung eines beweglichen Arbeitszeuges läßt sich sicher in gewollter Wirkung, also schnell, kräftig und nachlassend, sowie festhaltend, durch Daumen erzielen, die an einem für jedes Arbeitspiel um ein bestimmtes Maß fortbewegten Maschinenteil sitzen, an einer drehenden Walze oder an einer fortschreitenden Kette. Der Verlauf oder die Folge der Daumen in der Richtung des Fortschreitens hat dabei den im Musterbild gegebenen senkrechten Kästenreihen zu entsprechen.

Eine solche Daumenwalze zur Musterung in Anwendung für die Schäftebewegung eines Webstuhles zeigt Fig. 187. Man kann zu einer solchen Mustervorschrift, wie es früher geschehen ist und heute bei Musikwerken noch gemacht wird, einen runden Walzenkörper benutzen, welcher am Umfang Löcher besitzt, in welche die Daumen als Stifte gesteckt werden. Hier besteht die Walze aus, auf eine Achse gesteckten Sternscheiben, deren Ausragungen die Daumen bilden, so daß beim Verbleiben von Arbeitswerkzeugen in einer Einstellung durch mehrere Arbeitspiele mehrere Daumen in einen breiten Daumen vereinigt werden. Der Umfang der Musterwalze M erscheint in gleiche Teile zerlegt, deren Anzahl den für die Musterteilung nötigen Arbeitspielen entspricht, und entsprechend dem gekästelten Musterbild zeigt die Walze in den Teillinien des Umfanges die Daumen. Die Walze in Fig. 187 zeigt ein zehnspieliges Muster, d. h. 10 Arbeitspiele der Maschine sind zur vollen Herstellung des Musters erforderlich, welche sich bei jeder vollen Drehung der Walze wiederholen. Die Drehung der Walze erfolgt, da nach Einstellung der

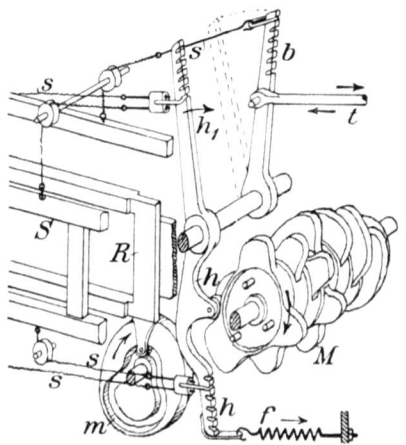

Fig. 187. Daumen-Musterwalze mit Andruckhebeln in Anwendung zur Schaftbewegung beim Weben und Daumen-Spurscheibe zur zwangsweise-kraftschlüssigen Einstellung.

Arbeitswerkzeuge für deren Arbeiten eine gewisse Ruhepause nötig ist, gewöhnlich absetzend um je eine Umfangsteilung. Die Daumen bringen dabei die sich gegen dieselben durch den Zug der Feder f mit Laufrollen anlegenden Hebel h zum Ausschwingen und ein damit verbundener Hebel b überträgt mit angeschlossener Stange t die Bewegung auf die Einstellvorrichtung des Arbeitswerkzeuges.

In dem besonderen Beispiel der Fig. 187 sind die Hebel h doppelarmig, so daß ein Ausschlagen des einen Armes ein Zurückgehen des anderen bedingt, und sind in einer Schnurverbindung s der Hebelarmenden die Rahmen S der Webschäfte eingehängt, so daß dieselben entsprechend ins Ober- und Unterfach gezogen werden. Da man beim Weben auch nur ein Oberfach durch Ausheben der Schäfte zu bilden braucht, können diese auch an die Hebel h, die man beim Webstuhl Schemel oder Tritte nennt, angehängt werden, wie beim Hebel b gezeigt ist. Den Rückzug bewirken dann Federvorrichtungen u. dergl.

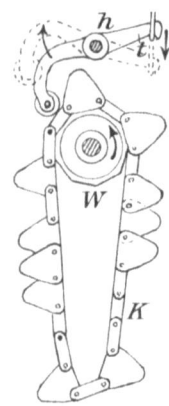

Fig. 188.
Daumen-Musterkette mit Gewichtsauflaghebeln.

Diese Einstellung der Schäfte, vermittelt durch die Wirkung der Zugfeder f, erfolgt also nicht kraftschlüssig und dauernd zwangsweise. Dieses wird aber erreicht durch Benutzung von Spurscheiben m, die den senkrecht geführten Schaftrahmen R mit einer in der Daumenspalte geführten Laufrolle heben und senken. Im allgemeinen ist jedoch diese zwangsweise Führung nicht erforderlich und genügt die Einstellung durch offene Daumen mit Andruckhebeln.

Mit der möglichen Stärke der Musterwalze ist deren Umfang und die Zahl von dessen Einteilungen, also die Musterteilung beschränkt, und deshalb werden nach Fig. 188 die Daumen als Glieder von Gelenkketten ausgebildet, welche, endlos über eine eckige Walze W hängend, durch absatzweise Drehung derselben für jedes Maschinenarbeitspiel um je ein Glied fortgesteuert werden und dabei die aufliegenden Hebel h im gegebenen Fall zum Ausheben bringen, welche Bewegung dann wieder durch die Anzugstangen t weitergeleitet wird.

III. Mittelbar wirkende Mustervorschriften.

Es ist erklärlich, daß eine Daumenkette zur unmittelbaren Hervorbringung der Einstellbewegungen bei größeren Mustern, d. h. solchen mit weiter, eine größere Zahl Arbeitspiele umfassender Teilung schwer ausfallen muß, namentlich wenn die Zahl der einzustellenden Werkzeuge sehr groß ist und daher die Kette sehr breit wird. Das Fortbewegen der Kette wird folglich schwierig und ergibt schließlich eine Anwendungsgrenze. Deshalb werden die Daumen nicht selbst zur Einstellung benutzt, sondern haben diese nur einzuleiten. Wie dies ermöglicht wird, zeigt zunächst ein Beispiel Fig. 189. Die Hebel b mit den Einstellstangen t tragen Hakenfallen h, über deren Reihe ein an den (von der hin- und hergehenden Stange a bewegten) Schwinghebeln n sitzendes, sogen. Messer m sich bewegt. Die Hakenfallen h kommen mit ihren freien Enden zur Auflage auf die Daumen-Musterkette K, und durch deren Daumen werden die leichten Fallen h einseitig angehoben, so daß dann deren Haken in den Schwingungsbereich des

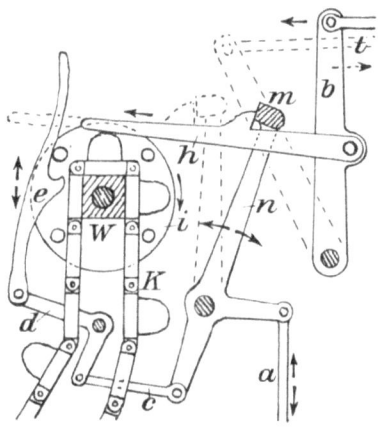

Fig. 189. Daumen-Musterkette mit Einstellhaken zur mittelbaren Musterbetätigung.

Messers m gelangen. Das Messer faßt nun die Haken und zieht die zugehörigen Hebel b in starrer Kraftwirkung an. Die endlose Musterkette liegt auf der hier viereckigen Walze W, welche vor dem, seinen Hoch- und Niedergang von dem Hebel u durch die Lenkstange c und den Winkelhebel d erhaltenden Haken e mit Hilfe der Stiftscheibe i beim Rückgang des Messers m absetzend fortbewegt wird. Der hochgehende Haken e greift dann unter den entgegenstehenden Stift der Scheibe i und schiebt diesen für die Ausführung der nötigen Vierteldrehung vor sich her.

Die Musterketten werden in verschiedener Weise ausgeführt, und gibt Fig. 190 hierfür einige Beispiele. Es wird hier eine der

146   Die Mustervorschrift und ihre Ausführung.

Schaftzahl oder der Zahl der zu betätigenden Einstellteile entsprechend breite Gelenkkette benutzt, auf deren Gelenkstäbe nach dem Bilde a Rollen gesteckt werden. Nach dem Bilde b wird die Kette aus gitterartigen Holz- oder Metallplatten gebildet, in

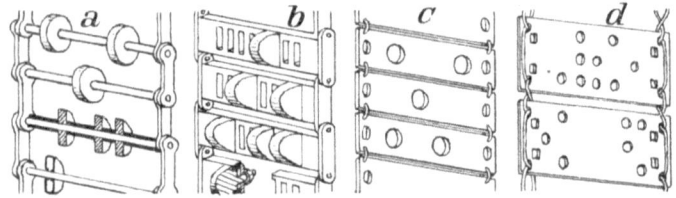

Fig. 190. Verschiedene Arten von Musterketten: Hubrollen und Hubnasen, Blechplatten und Pappkarten.

welchen Knöpfe befestigt werden, die wie die Rollen bei a die Einstellhaken zu heben haben. Fig. 191 zeigt hierzu den Einbau einer solchen Hubrollenkette, welche keiner Mitnehmerwalze bedarf, indem die Gelenkstäbe sich in die Einschnitte von Mitnehmrädern einlegen. Anstatt die Hakenfallen auszuheben, werden zur Erleichterung der Arbeit dieselben frei niederfallend gemacht, wie Fig. 192 zeigt, und wird dazu eine Musterkette aus Blech oder Pappkarton nach den Bildern c und d in Fig. 190 benutzt, die im ersteren Fall durch Drahtringe, im letzteren Fall durch sich kreuzende Durchzugschnüre zusammenhängen. Diese sogen. Musterkarten bedürfen einer stützenden eckigen Mitnehmwalze (eine eckige Walze W in Fig. 192),

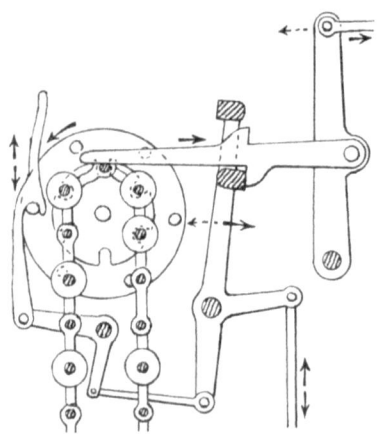

Fig. 191. Bewegungseinrichtung mit Hubrollen-Lenkkette.

die für den Einfall der Stütznasen der Hakenfallen h Löcher besitzt, und wird die absetzende Mitnahme durch Stifte an der Walze W, welche in Randlöcher der Karten greifen, gesichert. Die Hakenfallen h werden während der Drehung der Musterwalze W

Mittelbar wirkende Mustervorschriften. 147

durch einen schwingenden Rahmen i ausgehoben und bei Ruhestellung der Walze dann niedergelassen. Wo ein Loch in der Karte ist, kann der zugehörige Haken h einfallen und kommt damit oben aus dem Bereich des Schwingrahmens m, so daß dieser nur die nicht einfallenden Haken h vorschiebt. Diese Anordnungen für die mittelbare Einstellungsbewegung werden unter Beibehaltung des Grundgedankens ganz verschiedenartig getroffen. Es soll hier nur die Lösung der Aufgabe gezeigt werden.

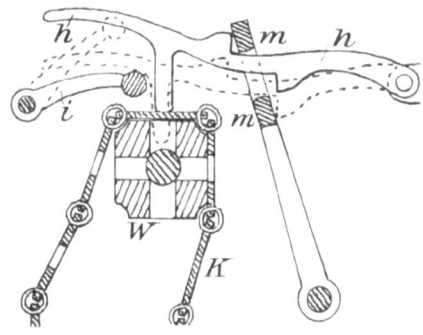

Fig. 192. Pappkette oder Musterkarte mit Einfallhaken.

Eine weitere Aufgabe besteht in dem Feinfühligmachen der Mustereinstellung, d. h. leichte Musterkarten und solche aus leichteren Stoffen, wie Papier benutzen zu können, um die Leichtigkeit der Bewegungen zu fördern. Hierfür gibt Fig. 193 eine Lösungsanordnung. Der Einstellhaken h kommt dann nicht mehr unmittelbar auf die Musterkarte K zu liegen, sondern es werden diese Haken, von schwingenden Stützhebeln p getragen, an die Klinken i gehängt. Diese legen sich mit ihren Enden gegen die in einem Kasten wagrecht geführten Nadeln n, die durch leichte Federn gegen die Musterkarte K gedrückt werden. Von der Achse a aus wird der Hebel d, an dessen Ende die Musterwalze W lagert, in Schwin-

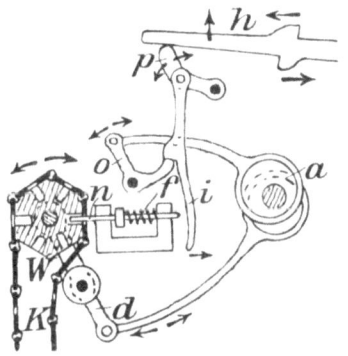

Fig. 193. Einrichtung zur Benutzung leichter Musterkarten: Einstellung durch Zwischenvermittelung.

gungen versetzt und damit die aufliegende Musterkette gegen die Reihe der Nadeln n gedrückt. Wo die Karte ein Loch besitzt, kann die Nadel n in die Walze W eintreten, die Klinke i fällt nach und deren Nase kommt in den Bereich des Schwingrahmens o,

10*

so daß die Klinke von diesem in die Höhe genommen wird und mit der Stütze p den Haken h in den oder außer dem Bereich des Schwingmessers bringt. Die Papierkarte hat an den ungelochten Stellen die Nadeln n mit den Federn f und damit auch die Klinke i zurückzudrücken, was aber, da Gewichte oder größere Widerstände dabei nicht zu überwinden sind, leicht ist.

Die beschriebenen Einrichtungen geben eine Regelung der in einer Reihe angeordneten Einstellvorrichtungen. Wenn bei der nötigen Anzahl derselben eine Reihe nicht mehr zulangt, so

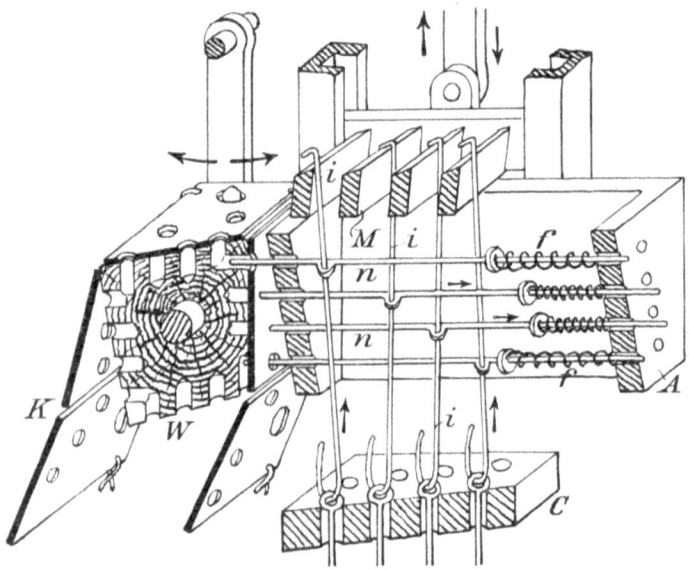

Fig. 194. Vervielfachte Einstellung mit leichter Musterkarte (Jacquardmaschine).

werden mehrere Reihen angeordnet, die in gleicher Weise durch Vervielfachung der Mittel geregelt werden. Dies gibt dann Musterübertragungsvorrichtungen, wie sie durch Fig. 194 veranschaulicht werden. Im festen Kasten A liegen wieder, in Reihen übereinander, die Nadeln n mit ihren leichten Federn f, welche in Ösen die sich in der Ruhelage auf den gelochten Boden C stützenden Drahthaken i führen. Diese werden entweder durch die volle Karte K mit Zurückdrücken der Nadel n aus dem Bereich der hochgehenden Messer M gebracht, oder beim Eintreten der Nadel

Mittelbar wirkende Mustervorschriften.   149

durch das Musterkartenloch in die Musterwalzenlöcher in der Stellung bleiben, wo die Messer unter die Haken i greifen und dieselben mit hoch nehmen und so die daran hängenden Einstellschnüre anziehen. Die Messer M sitzen rostartig in einem senkrecht geführten Rahmen und die viereckige Mustermitnehmerwalze M ruht in einem gegen den Nadelkasten A zu schwingenden Rahmen. Es ist erklärlich, daß bei dieser Anordnung die Zahl der Schnürzüge, wie es z. B. bei der Bildweberei der Fall ist, sehr groß sein kann.

Man nennt diese Vorrichtung zur Musterbetätigung mit gelochter Pappkarte, die man wohl wegen ihrer Sonderzufügung an die gewöhnlich glatte Ware herstellende Garnverarbeitungsmaschine auch selbst wieder als Maschine ansieht, nach ihrem Erfinder Jacquardmaschine, deren Schaffung aber nicht den beschriebenen Entwickelungsgang gemacht hat, sondern welche aus der großen Musterdaumenwalze, der Stiftmustertrommel entstanden ist, und haben sich die Vorrichtungen für einreihige Musterung, die man auch allgemein, aber weniger zutreffend Jacquard-, bei Webstühlen Schaftmaschinen nennt,

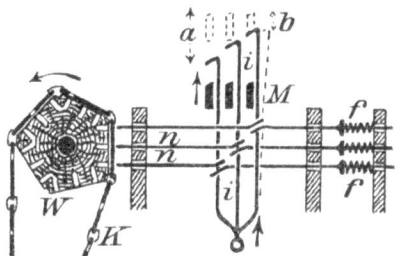

Fig. 195. Mustereinrichtung für verschieden weite Einstellung.

rückgebildet. Bei den letzteren können die einstellbaren Mitnehmerstangen Doppelhaken erhalten, so daß das bewegte Messer die ausgehobenen Stangen verschiebt, die liegenbleibenden Stangen dagegen zurückzieht. oder auch umgekehrt verfährt. Man spricht dann von doppelthebenden Maschinen, die auch sonst für das benutzte Musterungs- oder Bewegungsmittel kennzeichnenden Ausdruck erhalten. Einreihige Musterkarten werden bis für 50 Einstellzeuge, mehrreihig gelochte Pappkarten bis für 1000 und mehr Schnurzüge gebaut. Bei vorhandener höherer Zahl solcher, wie sie bei der Bildweberei und großgemusterten Fenstervorhängen bis zu 50000 vorkommen, werden dann mehrere gleichzeitig arbeitende Maschinen nebeneinander angeordnet.

Die Vorrichtungen mit mittelbarer Musterungseinstellung lassen sich auch für verschieden große Verschiebungen des Einstellwerkzeuges einrichten. Nach Fig. 195 gabelt sich dann der Mitnehmer, hier der Haken i in drei verschieden lange Teile mit Endhaken, unter welche gesonderte Messer M greifen. Von der Musterkarte K aus wird nur einer der Teile der biegsamen Hakennadeln i in der Stellung zum Erfassen gelassen und damit der gemeinschaftliche Zug verschieden hoch, von a bis b und dazwischen, betätigt.

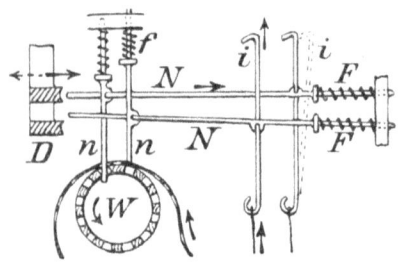

Fig. 196. Musterung durch Zwischenschaltung einer zweiten Stellvorrichtung zur leichten Einstellung durch dünneres Musterpapier.

In Fig. 193 ist schon gezeigt, wie durch Zwischenschaltung eines zweiten Mitnehmers die Einstellung erleichtert, die Mustervorschrift selbst also vereinfacht wird. So kann diese auch auf einfaches fortlaufend oder endlos gemachtes Papier übertragen werden. Die sogen. Jacquardeinrichtung d. h. die Hakennadeleinstellung wird also doppelt angewendet und die erste Einstellung nur zur Betätigung der wirklichen Einstellmitnahme verwendet. Nach Fig. 196 läuft das gemustert gelochte Papier über die absetzend gedrehte Lochwalze W, welche gegen die senkrechten Federnadeln n drückt, die erst die wagrechten Nadeln N führen und diese damit rücken oder in den Bereich der hin- und hergehenden Druckschienen D bringen, welche dann kräftig den Mitnahmehaken i einstellen.

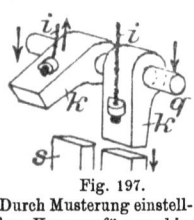

Fig. 197. Durch Musterung einstellbare Knaggen für verschiedene Pressung.

Die Zugvorrichtung der Papiermustermaschine braucht nun nicht selbst die Einstellung auszuführen, die Arbeit selbst zu übernehmen, sondern nur durch Einstellung oder Ausheben von Mitnehmerhaken, wie es die Mustermaschine selbst zeigt und wie es in Fig. 146 veranschaulicht ist, die Einstellung zu beeinflussen. Dies ist auch der Fall bei Ausübung von Druckbewegungen. Nach Fig. 197 führt die Querstange q den Druck aus, welcher durch die Knaggen k auf die Stempel s übertragen wird. Beim Ausheben der zugehörigen Knagge durch den Anzug der Mustermaschine bleibt der Stempel, z. B. der Nadelpresse eines Wirkstuhles, drucklos.

Mittelbar wirkende Mustervorschriften. 151

Durch die ermöglichte Feinfühligkeit können die Musterungsnadeln dünn gemacht und damit die Vereinigung einer großen Zahl auf kleinem Raume ermöglicht werden. Damit ist auch die Benutzung der Musterzeichnung selbst ohne die Herstellung einer Lochkarte oder des Lochpapieres möglich, indem das Muster in einer den elektrischen Strom leitenden Farbe oder auf leitenden Blättern nichtleitend gezeichnet, ja selbst lichtpausend, hergestellt wird. Der bewirkte Stromschluß gibt oder vermittelt dann mit Hilfe von Elektromagneten den Anzug der Einstellnadel. Zu verweisen ist dabei darauf, daß die Berührungsflächen für den Schluß des elektrischen Stromes stets staubfrei und blank sein müssen, bei der Garnverarbeitung es aber immer Faserstaub gibt, welcher, wie auch sonstige Möglichkeiten, leicht eine Beeinträchtigung der dauernd guten Wirkung geben kann. Die mechanischen Hilfsmittel lassen auch besser eine sofortige Erkenntnis etwaiger Störungen zu, deshalb findet auch dauernd eine Weiterbildung der rein mechanisch wirkenden Übertragungs- oder Umwandlungsvorrichtungen für Mustervorschriften statt.

Es ist eine Eigentümlichkeit der Garnverarbeitungsmaschinen, daß sie leicht für eine Abänderung der herzustellenden Fadenverbindungen eingerichtet werden können, daß diese Änderung nur teilweise zu erfolgen braucht und leicht gewechselt werden kann, wobei eine Regelungsvorschrift, die beliebig weitreichend sein kann, erfüllt wird. Diese Musterungsvorschrift ist nach den leicht aufzubewahrenden Vorbildern schnell herzustellen und bei ihrer Anfertigung in Papier bequem aufzubewahren. Durch die Erteilung einer immer wechselnden, den Geschmacksrichtungen und den fortschreitenden Musterungseinfällen entsprechenden Arbeitsaufgabe unterscheidet sich die Garnverarbeitung von vielen übrigen Zweigen der gewerbfleißigen Tätigkeit.

Zu bemerken ist noch, daß es für die Herstellung der Musterkarten Sondermaschinen gibt, zum Zurechtschneiden, Lochen und Binden der Pappkarten, die mit nach dem Musterbild für jede Reihe zu drückenden Tasten arbeiten. Wie beim Schriftdruck wird das Handvorbild in die Arbeitsform umgesetzt. Es gibt dann neben diesen sog. Kartenschlagmaschinen noch Maschinen zum Zusammenbinden der Karten zu einer Kette mit Hilfe der durchzusteckenden, sich kreuzenden Schnüre, die nach Art der Nähmaschinen selbst wieder Garnverarbeitungsmaschinen sind.

Fünfter Teil.
Das Nähen und Sticken.

I. Vorbemerkung.

Zu den Fadenverbindungen, deren Aneinanderreihung die für ihren Verwendungszweck teil- oder schneidbaren Stoffe bilden, kommen nun noch solche, welche diese geschnittenen Stoffteile selbst wieder zu verbinden haben, d. h. die Fadenbindungen der Nähte, und diejenigen, die als Nähte zum Schmuck und zur Ausrüstung der Stoffe, Kleidungs- und Gebrauchsstücke dienen. Auch hier handelt es sich um Fadenschleifen und -schlingen, die untereinander und fortlaufend ihre Verbindung finden. Man hat auch hier zwischen Einfaden- und Mehrfadenverbindungen zu unterscheiden und nennt man dieselben allgemein Naht und ihre Herstellung Nähen. Diese Nähte sind einesteils Verbindungs- andernteils Ziernähte und im letzteren Fall ist die Herstellung das Benähen oder Sticken. Entsprechend der vorangegangenen Darstellung werden erst die Nähte an sich, dann deren Herstellung besprochen.

II. Die Fadenbindung der Nähte.

Von den Nähten sind zu unterscheiden Flachnähte und Randnähte, die beide Verbindungsnähte sind, weil durch sie zwei oder mehrere Stofflagen im Flachteil oder an den Rändern zusammengehalten werden. Man spricht dann von einem Benähen und einem Umnähen und, wenn die Flachnaht bei ihrer Lage nahe am Rand des Stoffes auch als Randnaht angesehen werden könnte, so fehlt ihr doch das Kennzeichen der zweiten Naht, das Einschließen der Stoffränder.

Die Fadenbindung der Nähte. 153

1. Flach- und Verbindungsnähte. Die einfachste Naht, die eine Kette einfacher Fadenschleifen, wie der in der Gewebebindung liegende Schuß darstellt, zeigt Fig. 198 im oberen Teil in der Draufsicht in der Mitte im Schnitt der Stofflagen an der Nahtstelle und unten in der Unteransicht, so daß also oben

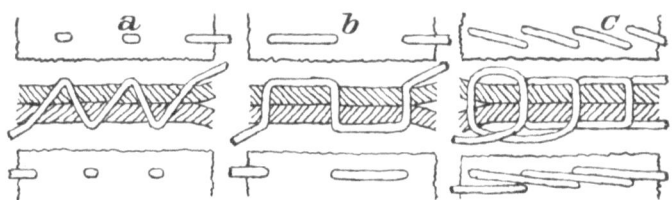

Fig. 198. Einfadennähte zur Verbindung von Stofflagen (Schleifen und Kettenschlingen).

die Vorder- und unten die Rückseite der Naht zu sehen ist, welche Anordnung auch die folgenden Fig. bis 201 zeigen. Bei der einfachsten Ausführung der Einfadennaht von Hand (Fig. 198 bei a), der sogen. Heftnaht, werden die Stofflagen von den Fadenschleifen schräg gefaßt und der Abstand der einfachen Schleifen, die Stichweite oder der Stich der Naht ist oft ungleichmäßig, wie es bei der Handausführung vorkommt. Die Maschinennaht mit senkrechtem Durchstich der Stofflagen und gleichem weitem oder engem, d. h. Fein- und Grobstich, zeigt das Bild b und erscheint die Naht oben und unten als unterbrochene Fadenlage. Um diese Fadenlage fortlaufend erscheinen zu lassen, werden die einzelnen Schleifen nach dem Bilde c hinterstochen und die Naht wird zu einer einseitigen Fadenschlingenkette nach Fig. 17 b, c, wobei immer zwei Fadenlagen in einen Durchstich kommen. Der Vergleich der Nähte

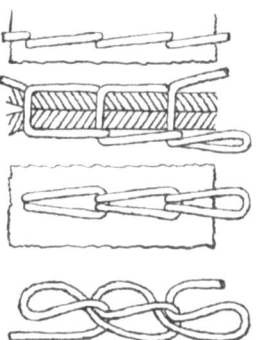

Fig. 199. Schleifendurchzugkette, sog. Kettelnaht, Verbindungs- und einseitige Ziernaht.

mit einer Fadenkette führt auch zur Anwendung der Häkelarbeit zum Nähen, was Fig. 199 zeigt. Diese, wie im untersten Teil, hervorgehoben ist, als fortlaufender Schleifendurchzug sich kennzeichnende Naht heißt als Fadenkette auch Kettelnaht, welche aber durch Ziehen am Fadenende leicht lösbar ist, indem sich dann die Schleifen nacheinander aus den Stichen ziehen. Dies ist bei den Nähten der Fig. 198 nicht der Fall, hier muß die ganze Nahtlänge des Fadens durch den Stoff gezogen werden. Die Kettelnaht zeigt auf einer Seite richtig die Schleifenkette

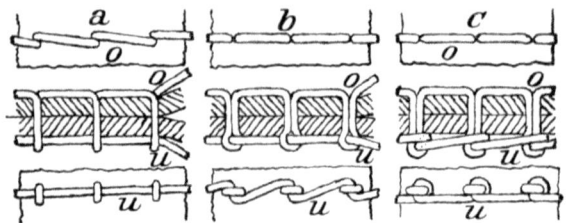

Fig. 200. Doppelfadennähte mit einseitiger Schleifenbildung und Fadendurchzug.

und ist deshalb auch zum Benähen zwecks Ausschmückung, also als Ziernaht anzusehen.

Diesen Einfaden-Flachnähten gegenüber bestehen die nur mit Maschinen herstellbaren Zweifadenflachnähte, deren einfache Ausführungen Fig. 200 darstellt. Es gibt dabei einen Oberfaden o, welcher eine Schleifenkette bildet, und die die Stofflagen durchstechenden Schleifen werden durch den dieselben durchziehenden

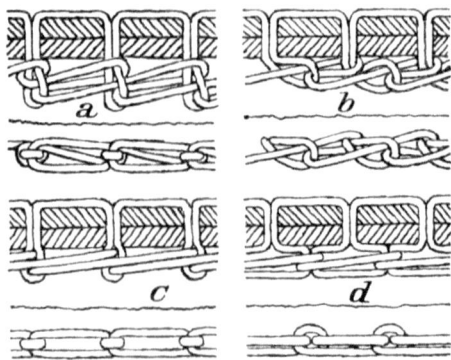

Fig. 201. Verbindungen von Schleifen- und Schlingenketten als Ziernähte.

Unterfaden u gehalten, der einfach geradliegend, wie im Bilde a, bei Querstellung der Schleifen, bei Längstellung nach dem Bilde b selbst wieder schleifenbildend sein, oder nach dem Bilde c Schlingen bilden kann. Die Lage des Unterfadens kann, wenn es sich um

Die Fadenbindung der Nähte. 155

die Hervorbringung einer Ziernaht handelt, nach den Beispielen in Fig. 201 ganz verschiedenartige Schleifen- und Schlingenketten bilden, so bei *a* eine Kettelstichnaht mit Rückstich, welche Naht nach dem Bilde *b* bei Anzug der Schleifen des Oberfadens ein verändertes Bild gibt (welche Unter-Nahtbilder hier unter dem Stofflängschnitt nach der Naht gestellt sind). Bei *c* ist der Unterfaden nach dem Bilde 200 bei *b* mit Hinterstich, bei *d* nach dem Bilde 200 bei *c* mit Schlingenkette bei Zusammenfassung von je zwei Schleifen des Oberfadens gezeigt. Diese Beispiele, welche die Möglichkeiten von Fadenketten mit verschiedener Schleifen-Bindung und Durchzug nicht erschöpfen, soll namentlich die Vielseitigkeit der Ziernähte, bei denen eine Verschiedenheit von Art, Farbe und Güte des Ober- und Unterfadens mitspricht, veranschaulicht werden.

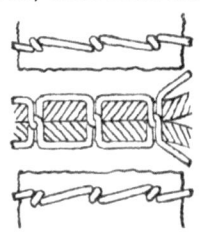

Fig. 202. Doppelsteppstichnaht (eingehängte Schleifenketten).

Diese Ziernähte mit Freilage eines Fadens bedingen eine verschiedene Spannung der Fäden. Macht man diese Spannung bei der einfachen Doppelfadennaht, Fig. 200 bei *a*, gleich, so wird die Einhängstelle der entstehenden gleichen Schleifenketten nach Fig. 17*a*, wie Fig. 202 im Mittelbilde im Durchschnitt zeigt, in die Stofflagen hineingezogen. Diese Naht, die sog. Doppelsteppnaht gibt auf beiden Stoffseiten das gleiche Bild und eine große Haltbarkeit, so daß sie sich beim Durchschneiden nicht auflöst. Sie ist daher die beste Maschinen-Verbindungsnaht, die aber wegen der Festigkeit auch zum Benähen, also zum Besticken oder Sticken benutzt wird, wie die einfache Steppnaht Fig. 198 bei *b*.

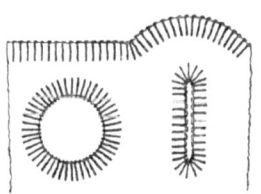

Fig. 203. Benähen der Schnitt- und Lochränder.

2. **Randnähte.** Die geschnittenen Stoffränder, wo durch den Schnitt die Fadenbindungen gestört werden und sich daher die Fadenlagen lösen, bedürfen eines Zusammenhaltes, der, wie Fig. 203 zeigt, durch Umnähen, Überlegen oder Einfassen der geraden oder gebogenen Stoffränder, der Ränder von Ausschnitten oder Einschnitten, der Knopflöcher u. s. f. vermittelt wird. Hierzu finden Ein- und Zweifadennähte Verwendung, welche dann

auch als abgrenzende Ziernähte dienen. Wenn, wie bei *a* in Fig. 204 im Schnitt gezeigt ist, die Stoffränder durch eine Steppnaht verbunden werden, streben dieselben, auch wenn sie an sich durch Web- und Flechtbindungen gegen Selbstlösung haltbar sind, auseinander. Dies verhindert das Umstechen mit einfacher Heftnaht, die sich dann als eine Faden-Schraubenkette kennzeichnet,

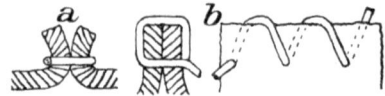

Fig. 204.   Stepprandnaht und überwendliche Randnaht.

wie das zweiteilige Bild *b* deutlich macht. Man nennt diese, den Rand deckenden Nähte auch **Überwendlichnähte**.

Ebenso findet nach Fig. 205 bei *a* dabei die Schlingenkette Anwendung, wobei also der Faden nach jedem Stich hinterstochen wird. Dies findet nach dem Bilde *b*, das ebenfalls Schnitt und

Fig. 205.   Schlingenketten als Umnähte.

Vorderansicht der Naht wiedergibt, auch mit einer **Stepprandnaht** statt, wo durch das Hinterstechen die Fadenlagen von einem Stich zum andern nur auf eine Stoffseite, also von oben sichtbar, nicht wie bei *a*, auf den Rand zu liegen kommen. Man nennt das Nähen nach *b* auch **Festonieren**.

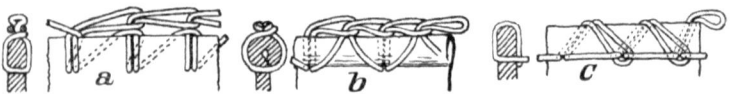

Fig. 206.   Einfaden-Randnähte mit Schleifenkettelung.

Die Benutzung von Einfaden-Schleifendurchzugketten oder Kettelnähten zum Umrändern von Stoffen veranschaulicht in drei Beispielen *a* bis *c* Fig. 206, woraus ersichtlich ist, wie oben am Rand eine Ziernaht, eine sog. **Häkelnaht** gebildet wird, oder der Stoffrand, bei *c*, glatt umlegt wird. Diese Nähte dienen vorwiegend zum Einfassen von einfachen Stoffrändern, wie geschnit-

Die Fadenbindung der Nähte. 157

tenen Decken u. dgl., und findet dabei auch, wie beim Bilde *b* gezeigt ist, ein Zusammenlegen und Einrollen des Randes statt. **Randnähte mit zwei Fäden** als Schleifendurchzugketten zeigt Fig. 207. Dabei legen sich gewöhnlich die Schleifen des einen Fadens *n* über den Stoffrand, während der andere Faden *o* eine gerade Durchstechnaht abgibt, welche durch den ersteren Faden gebunden wird. Diese Bindung ist eine gegenseitig doppelte und läßt sich gleichmäßig ausführen, wobei dann allerdings die

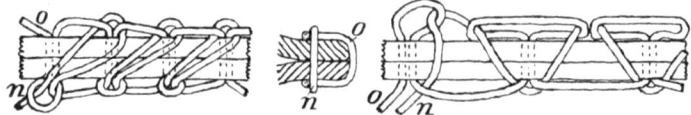

Fig. 207. Zweifaden-Randnähte mit Randüberdeckung.

eine frei liegende Bindung der Schleifen mit Durchstecken, wie beim Stricken, außen an den Stoffrand zu liegen kommt. Diese gewissermaßen Maschenbindung zeigt Fig. 208 links in Vorder- und Rückseite der Naht mit zwischenstehendem Querschnitt, welcher die Vereinigung der beiden Maschenreihen zu einem den Stoff in sich fassenden Schlauch veranschaulicht. Diese sogen. **Schlauchnaht** aus zwei Fäden kann, wie die einfädige Schlauchnaht, Fig. 204 bei *b*, zur Bindung der Stoffränder benutzt werden,

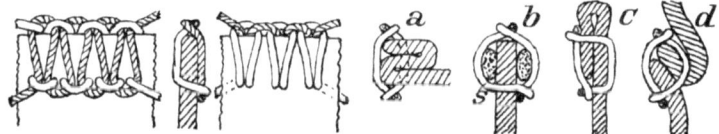

Fig. 208. Maschen-Randnähte mit einigen Arten der Einfassung und Verbindung.

was in Fig. 208 rechts dargestellt ist. Bei *a* ist der Rand mehrfach gefaltet mit Durchnähung der Faltlagen und Freilage der Maschen des gegebenenfalls verschiedenartigen anderen Nahtfadens, bei *b* sind zur Herstellung eines Wulstrandes Schnuren *s* unter die Maschenreihen gelegt, bei *c* ist der Schnittrand in die Naht eingeschlagen, die Naht bildet also zierend innerhalb des durch die Faltung sich selbst schützenden Randes eine Kantenlinie, bei *d* ist die Doppelnaht als Verbindungsnaht zweier Stoffränder benutzt, so daß beim Auseinanderziehen der Stoffe die eine dichte Maschenreihe die Verbindungstelle deckt. So läßt sich die gleichseitige Doppelfaden- oder Maschennaht neben

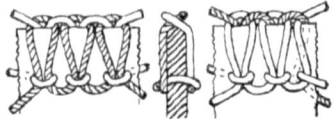

Fig. 209. Dreifaden-Randnaht.

ihrem Verbindungs- und Schutzzweck zur Hervorbringung von Geschmackswirkungen ausnutzen.

Zum Randbenähen werden nach Fig. 209 auch zwei in Durchsteckschleifen einseitig verbundene Maschenreihen gemeinschaftlich durch eine Steppnaht am Stoffrand befestigt, und erhält dann der als bestickt anzusehende Stoffrand auf beiden Seiten die gleiche Fadenbindung.

3. Ziernähte als Verbindung mehrerer einfacher Nähte. Ergibt sich schon bei Doppelfadennähten durch die Garnverschiedenheit eine Musterung der Nähte für Zierzwecke, welchen auch die Durchzug-Schleifen- und Schlingenbindung im aufliegenden Teil der Naht dient, so werden solche Musterwirkungen durch Vereinigung mehrerer Nähte weiter gefördert, weil beide erwähnte Musterungsarten (Garn- und Bindungsverschiedenheit) zusammen in Erscheinung treten.

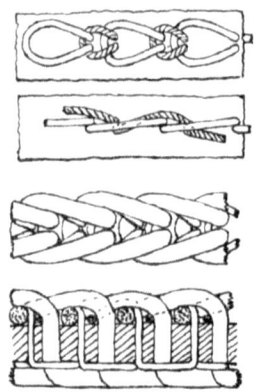

Fig. 210. Verbindung von zwei Kettelnähten mit engem und weitem Stich und Garnverschiedenheit.

Die Vereinigung von zwei Kettelnähten geben die Beispiele in den Fig. 210 und 211 beidemale mit Hervorhebung der einen Naht durch Strichelung gekennzeichnet. Bei gleichem Garn kann schon die Stichverschiedenheit der beiden abwechselnd Schleifen gebenden Fäden eine Musterung ergeben, was aus den beiden oberen Bildern in Fig. 210, welche Ober- und Unterseite der Verbundnaht zeigen, veranschaulicht wird. Bei verschieden starken Garnen, wie in den unteren Bildern in Draufsicht und Schnitt gezeigt ist, wird die kurzstichige Naht durch die langstichige gedeckt und erstere dient folglich zur Sicherung der letzteren, um eine gute Aneinanderlage der schuppig liegenden Schleifenseitenteile herbeizuführen. Eine ähnliche Verbindung, wo aber die Schleifen der langstichigen Naht zu Schlingen ver-

Die Fadenbindung der Nähte. 159

dreht sind und die Stiche derselben neben der Sicherungsnaht seitlich hin- und herspringen, zeigt Fig. 211 in gleicher Weise rechts in Ober- und Unteransicht mit gleichstarken, links in Draufsicht und Querschnitt mit verschieden starkem Garn. Auch

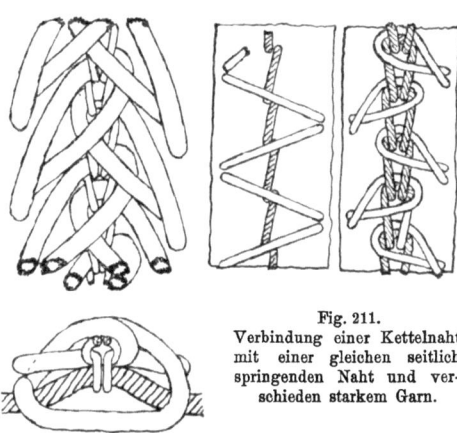

Fig. 211.
Verbindung einer Kettelnaht mit einer gleichen seitlich springenden Naht und verschieden starkem Garn.

hier werden die Schlingen von der verschwindenden **Feinfadennaht** so gehalten, daß die kreuzweise sich schuppenden Seitenlagen der Starkfadenschleifen hervortreten.

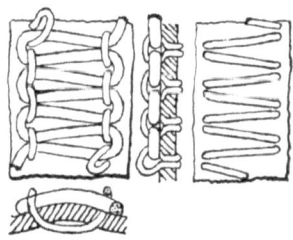 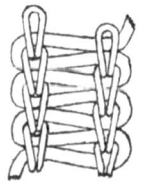

Fig. 212. Dreifaden-Ziernaht als Doppelsicherung einer Maschenkette.

Fig. 213. Sicherung oder Aufnähen einer zierenden Maschenkette mit Kettelnähten.

Ein weiteres Beispiel von Nahtvereinigungen veranschaulicht Fig. 212 in Ober- und Unteransicht, Längs- und Querschnitt. Hier wird eine dicke Schleifenkette durch zwei Steppnähte festgehalten, welche auch nach Fig. 213 Kettelnähte zur Musterung sein können.

160   Das Nähen und Sticken.

Aus den gegebenen Beispielen geht die Musterungsmöglichkeit beim Benähen als Stickereiarbeit hervor. Das Sticken ist auch nur als gemustertes Nähen anzusehen, wobei die Stichmusterung, d. h. die Stichänderung nach Weite und Lage, die Hauptrolle spielt; denn durch diese Änderung sollen Gebilde genäht und beim Einfassen hergestellt werden, wie dies in einem einfachen Beispiel für die einfache Steppnaht Fig. 214 veranschaulicht.

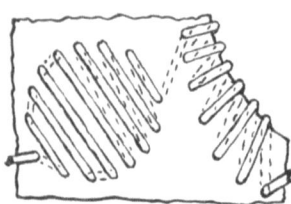

Fig. 214. Stichmusterung bei einfacher Steppnaht zum Sticken.

III. Die Herstellung der Nähte (die Fadenbewegung).

Beachtet man, daß die Nähte einfache und verbundene Fadenketten mit durchgesteckten und eingehängten Schleifen oder Schlingen darstellen, wobei die Größe der Glieder die Stichweite im Stoff bestimmt, so kommt für die Herstellung der Nähte zunächst die Bildung der Schleifen und Schlingen, dann ihr Durchstecken und Einhängen und schließlich die Stichbildung durch Bewegung des Stoffes in Betracht. Für die ersten beiden Arbeiten finden sich in der im zweiten Teil gegebenen Darstellung über die Ausführung der Fadenverbindungen Vorbilder, die auch bei der Näharbeit dienen. Für den Schleifendurchzug besteht die Hakennadel, die bei Herstellung von Einfadenketten bei der Häkelmaschine (Fig. 105) mit einem viereckig absetzenden Umkreisen durch den Faden arbeitet. Dieser Arbeitsvorgang wird auch beim Nähen benutzt, wobei aber der schleifenbildende Fadenleger eine rund um die Nadel kreisende Bewegung ausführt.

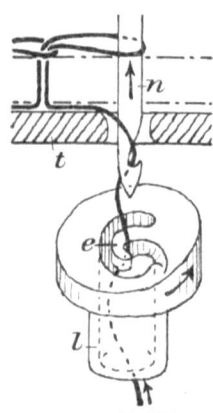

Fig. 215. Schleifenbildung mit kreisendem Fadenleger für Kettennähte.

Nach Fig. 215 durchsticht die spitz gemachte Hakennadel k den auf der Gegenplatte t liegenden Stoff, bezw. die Stofflagen und unterhalb der Platte ist der hohle Fadenleger l vorhanden, in dessen Loch der Faden f eintritt, der beim Drehen des Legers l

Die Herstellung der Nähte (die Fadenbewegung). 161

von einem Mittelhaken *e* desselben mitgenommen wird. Damit wird die tiefgehende Nadel vom Faden umschlungen und der Faden legt sich in den Haken der Nadel ein. Beim Hochgehen der Nadel nimmt der Haken den Faden mit und zieht denselben als Schleife durch den Stoff, nach dessen Fortschreiten zur Stichbildung die Nadel wieder niedergeht. Diese hat die gebildete neue Schleife durch die auf der Nadel hängende alte Schleife beim Hochgehen mit durchgezogen, also die Schleifenbindung hergestellt.

Die Schleifenbildung kann auch wie beim Knoten durch einen Fanghaken oder Greifer stattfinden, was Fig. 216 zeigt, und wird dann die Benutzung einer glatten Öhrnadel *n* ermöglicht. Der von oben kommende Faden *f* geht durch das Nadelöhr, wird bei dem Durchstechen mitgenommen und durch das Loch der Gegenplatte *t* mitgeführt, wo sich der gespannte Faden an die weiter tiefgehende Nadel *n* anlegt. Geht darauf die Nadel wieder zurück nach oben, so wird der Faden durch die Reibung im durchzogenen Stoff gegen die glatte Nadel zurückgehalten und es bildet sich eine Schleife, die von dem schwingenden Greifer *g* erfaßt und bei der Stichbildung unter der Platte *t* gehalten wird, so daß die wieder niedergehende Nadel die gespannte Schleife zur Bindung durchsticht. Diese freie Schleifenbildung durch einseitiges Rückhalten des Fadens ist kennzeichnend für das Nähen.

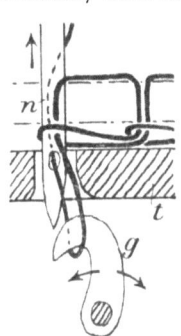

Fig. 216.
Greifer zum Fangen und Halten der Fadenschleife

Zu bemerken ist noch der Unterschied, daß beim unteren Fadenleger, Fig. 215, die Schleifenlage oben auf dem Stoff sichtbar ist, beim unteren Greifer dagegen diese von oben, also dem Arbeitsfeld aus, unsichtbar zwischen Stoff und Gegenplatte sich befindet.

Zum Einhängen der Schleifen (Fig. 38) ist ein Fadendurchstecken nötig, das nach früheren Ausführungen mit einem Durchwurf der Spule des zweiten Fadens, gewöhnlich mit Hilfe eines Schiffchens oder Schützens erzielt wird. Diesen Vorgang für das Nähen angewendet, veranschaulicht Fig. 217, wonach durch die wie im vorangegangenen Fall gebildete Schleife des einen oder Oberfadens *f* der von einer Spule im Schiffchen *s* kommende andere oder Unterfaden *u* von dem entsprechend bewegten Schiffchen geführt wird. Beim Hochgehen der Nadel wird die

Schleife zurückgezogen und damit der Unterfaden nach seiner Schleifenbindung, die der Fadenspannung entsprechend im Stoff stattfindet, gebunden.

In den drei Fig. 215 bis 217 sind die Hilfsmittel oder Arbeitswerkzeuge für die Herstellung der Schleifenbildung und -bindung bei der Nähteherstellung gegeben, welche drei Mittel, der Leger oder Fadenführer, der Greifer und das Spulenschiffchen in Verbindung mit der Durchstich-, Haken- oder Öhr-Nadel in entsprechende Zusammenwirkung treten, um die beschriebenen verschiedenen Nähte zu erzeugen. Es würde zu weit führen, hier auf solche Zusammenstellungen noch weiter einzugehen, zu betrachten ist nur noch das für das Nähen und namentlich das Sticken als Fadenbindungsvorgänge eigentümliche Stichbilden, also die Fortrückung oder Bewegung des Stoffes nach jedem Nadelstich. Bei diesen Garnverarbeitungsvorgängen übernimmt gegenüber denen der Stoffherstellung gewöhnlich der Stoff die Bewegung gegen die ruhende Führung der Nadel, also das Arbeitswerkzeug.

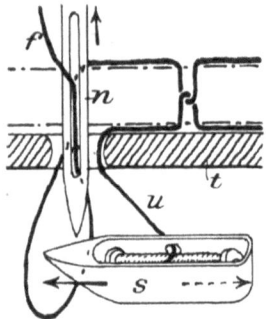

Fig. 217. Schiffchen zum Durchstecken der Fadenschleife zur Bindung derselben.

IV. Die Stoffbewegung beim Nähen und Sticken.

Die Nähte verlaufen nicht nur in gerader Richtung, sondern in gebogenen und eckigen Linien und beim Sticken ist der Verlauf der Naht nicht nur linienmäßig, sondern für die auszuführenden Muster ganz willkürlich. Deshalb haben die Bewegungseinrichtungen für den Stoff beim Nähen und Sticken eine diese vielseitig gestaltende Anordnung.

Die allgemeine Anordnung bei den Nähmaschinen zeigt Fig. 218, worin auch die durch die Stofflage bedingte Trennung der Bewegungen der Nadel, die auf der einen Seite des Stoffes liegt, von der des, auf der anderen Seite liegenden Greifers und Legers veranschaulicht ist. Es sind zwei Triebwellen a und b vorhanden, welche gewöhnlich durch eine Welle c mit Kegelrädern zur abhängigen Drehung verbunden sind. Die obere Welle besorgt durch eine Kurbelscheibe mit geschwungener Führungs-

Die Stoffbewegung beim Nähen und Sticken. 163

bahn an der Nadelstange das Einstechen der Nadel und Zurückziehen des Fadens zum Spannen der Schleifenbindung, die untere Welle die Stoffortrückung zur Stichbildung. Die Nadelbewegung kann auch durch einen für die Stoffbewegung, wie das Wellentraggestell A ausgebogenen Doppelhebel von der unteren Welle b aus erfolgen, so daß dann wie bei den meisten Garnverarbeitungsmaschinen eine Hauptantriebwelle vorhanden ist, von der aus alle Bewegungen gesteuert werden, und bei jeder Umdrehung derselben ein volles Arbeitspiel vor sich geht.

Die einfachste Einrichtung zur Stoffortbewegung ist, die Stofflage durch ein absetzend gedrehtes Druckwalzenpaar zu führen, wie in Fig. 218 punktiert angedeutet ist, was aber nur bei geradverlaufenden Nähten und bei Rand- oder Einfaßnähten benutzt werden kann. Der beliebige Verlauf der Flachnähte verlangt eine dauernde Ablenkung der Nahtrichtung. Die Fortrückung des Stoffes findet nach dem Rückgang der Nadel, wo der Stoff von dieser frei ist, statt. Für das Einstechen der Nadel und sonst wird der Stoff auf der Gegenplatte durch Andruck von dem federnden Drücker d gehalten. Zur Stoffortrückung dient ein gezahnter Schieber s, der dazu unter den Stoff greift, denselben, nach-

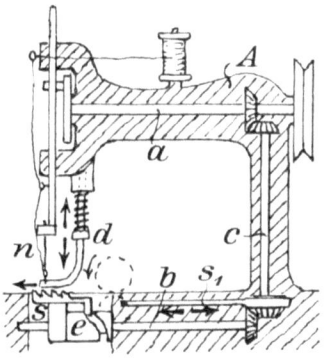

Fig. 218.
Allgemeine Anordnung der Arbeitsteile der Nähmaschinen.

dem zuvor durch Drehung des Stoffes um die eingestochene Nadel die Fortrückrichtung festgelegt ist, der stellbaren Stichweite entsprechend verschiebt und dann sich wieder senkt. Diese zusammengesetzte Bewegung wird von unrunden Scheiben oder Zylindern e auf der Nähtischwelle b übernommen, deren Verschiebungsmöglichkeit zur Stichweitenveränderung teilweise ausgenutzt wird. Die Führung des Stoffes selbst wird dabei von der Maschinenbedienung vorgenommen, dieser wichtige Vorgang ist also noch Handarbeit und die Nähmaschine als Garnverarbeitungsmaschine, wie die übrigen solchen, nicht selbsttätig. Es ist also nötig, den schmiegsamen Stoff in einen starren Zusammenhang zu bringen, so daß dann die Bewegung dieses Zusammen-

11*

hanges — z. B. das Einspannen des Stoffes in einen Rahmen — von der Maschine aus erfolgen kann. Bei bestimmtem Linienverlauf der Naht ist dies möglich, so bei der Ausführung von dauernd bogenförmig verlaufenden, hauptsächlich Ziernähten. Diese Ausführung von Nähten, was man ganz unkennzeichnend „tambourieren" nennt, kann mit Bogennahtsticken bezeichnet werden. Dabei übernimmt die Stoffbewegung ein die Nadel umgebender drehbarer Kranz an Stelle des Schiebers, welcher Kranz von einer Handkurbel gesteuert wird. Man nennt daher diese Ziernähmaschinen auch Kurbelstickmaschinen.

Beim Nähen mit veränderlicher Stichweite und springender Stichrichtung, d. h. dem eigentlichen Sticken, wird der Stoff in einen Rahmen gespannt und diesem nach einem Mustervorbild jedesmal die entsprechende Verstellung erteilt. Diese Stickeinrichtung, für die Ausführung der einfachen Steppnaht nach Fig. 214, veranschaulicht Fig. 219. Da der Faden in seinem Verlauf abwechselnd ober- und unterhalb oder auf beiden Seiten des Stoffes liegt, ist wegen des Erfassens der Nadel beim Durchstechen und ihrem Rückstechen, um ein Wenden derselben zu vermeiden, eine Doppelnadel n mit Spitze an beiden Enden und dem Fadenöhr in der Mitte nötig. Die Nadel wird von, durch Zwischen-Blattfedern selbstschließend gemachten Zangen z gehalten, die sich auf Rollwagen w zu beiden Seiten des in dem Rahmen r zwischen Walzen gespannt erhaltenen Stoffes q befinden. Geöffnet werden die Zangen durch Verdrehung unrunder Scheiben i, die auf den oberen federnden Zangenhebel drücken, so daß bei Rückdrehung der Scheiben die in das geöffnete Zangenmaul eingeführte Nadel geklemmt wird. Dies findet nach dem Einstechen der Nadel beim Heranfahren des einen Wagens gegen den Stoff statt, und wenn dann der andere Wagen vom Stoff abfährt, zieht derselbe die gefaßte Nadel durch diesen und den Faden nach, welcher darauf durch die niederfallende Spannstange t, wie links punktiert angedeutet ist, straff gezogen wird und damit den Stich fest macht. Beim Wiederanfahren des Wagens an den Stoff zum anderseitigen Durchstechen wird die durch das Durchhängen sich bildende Fadenschleife von den Schutzblechen b aufgefangen.

Da bei der Maschinenstickerei die Muster nicht so groß ausgeführt werden und meist Kanten oder Streifen mit sich wiederholenden Formen bilden, sind in der Stickmaschine mehrere Nadeln

Die Stoffbewegung beim Nähen und Sticken. 165

mit ihren Zangen der Musterteilung entsprechend nebeneinander tätig und es besteht also eine **Vielfach-** oder **Breitstickerei**.

Die Bewegung des Stoffrahmens muß eine allseitige sein und da beliebige Verschiebung durch Zusammenwirken von zwei senkrecht zueinander erfolgenden geradlinigen Verschiebungen hergestellt werden kann, ist der Stoffrahmen wagerecht und senkrecht leicht beweglich gemacht. Dazu hängt der Rahmen mit einer Keilschiene h auf Rollen o, die an senkrecht schwingenden,

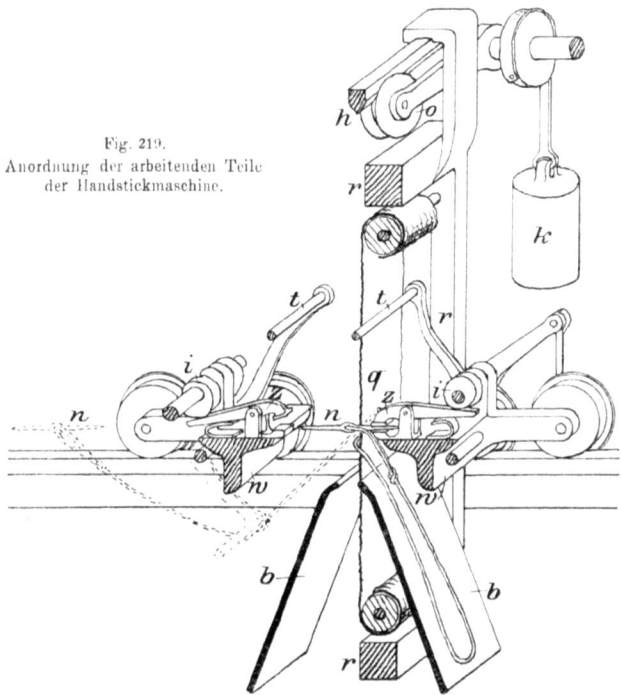

Fig. 219.
Anordnung der arbeitenden Teile der Handstickmaschine.

durch ein Rollengegengewicht k die Schwere des Stickrahmens ausgleichenden Hebeln sitzen.

Die Führung des Rahmens von der Mustervorschrift aus zeigt Fig. 220. Um bei der Feinheit der Stiche das Muster deutlich zu machen, wird dasselbe vergrößert aufgezeichnet mit Angabe der aufeinanderfolgenden Stiche, und diesen folgend wird absetzend die am Ende einer Stange befindliche Nadel n, allerdings von der Hand des Stickers, geführt. Deshalb handelt es sich hier immer noch um eine Hand-Stickmaschine. Die dabei ausgeführte Stickrahmenbewegung wird durch einen um den festen Zapfen f drehbaren Gelenkrahmen S, den sog. Storchschnabel, verkleinert dem Lenkpunkte v mitgeteilt, der sich an dem Stoffrahmen r befindet und folglich diesen einstellt. Die Führung des Stellstiftes u am Musterbilde m erfolgt, wie bemerkt, von der Hand des davorsitzenden Arbeiters, der nach dem jedesmaligen Einstellen abwechselnd die Zangenwagen zu fahren und die Nadelzangen zu schließen und zu öffnen hat. Die Möglichkeit der Stichbildung ist dabei unbeschränkt.

Um die Stickmaschine ebenfalls von einer Kraftquelle zu betätigen und selbsttätig zu machen, muß zunächst zur Nahtherstellung die Nähmaschine auf die mit Stoffrahmen arbeitende Stickmaschine übertragen werden. Es werden daher in Trägern

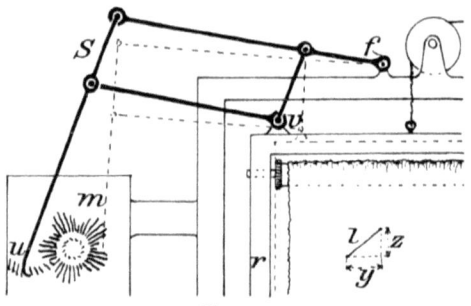

Fig. 220.
Führung des Stoffrahmens bei Stickmaschinen durch Handabstechung des Musters.

zu beiden Seiten des Stoffrahmens einesteils die Nadelhalter mit ihrer Bewegungseinrichtung, anderenteils die Fadenleiter, Greifer oder Schiffchenführer mit der gleichen Einrichtung zur Ausführung der Doppelsteppnaht, Fig. 202 und 217, angebracht und man hat also die Mehrfach-Nähmaschine als selbsttätige Breit-Stickmaschine, die wegen der fast alleinigen Anwendung der Schiffchen als Schiffchenstickmaschine bezeichnet wird. Dabei erfolgt die Rahmeneinstellung auf die beschriebene Weise immer noch im gegebenen Zeitpunkt durch die Musterabstechung noch von Hand.

Aber auch die Stichmusterung, d. i. die Führung des Stoffrahmens gemäß einer bildlichen Vorschrift, läßt sich in der Maschine selbsttätig ausführen. Jede Verschiebung zu einem Stiche läßt sich, wie auch in Fig. 220 gezeigt ist, aus zwei senkrecht gegeneinander gerichteten Verschiebungen zusammensetzen,

Die Stoffbewegung beim Nähen und Sticken.

sie bildet die Schräglinie l eines rechtwinkeligen Dreieckes mit den Seitenlinien x und y. Für diese letzteren wird eine Verschiebeeinheit festgelegt und der größten Zahl dieser Einheiten, der größten Stichweite entsprechend, wird die Einteilung von zwei Musterkarten vorgenommen, deren Lochungen durch die im vierten Teil beschriebenen Mittel die zugehörige Verschiebung der Einstellteile ergeben. Dem jeweiligen Loch oder Löchern in der Musterkarte folgend werden mit den Karten für die senkrechte und wagerechte Verstellung verschieden weite Grundverschiebungen erzielt, deren Zusammensetzung dann die gewollte Schrägverstellung ergibt. Die Übertragung der von den Mustermaschinen ausgeführten Bewegungen auf den Stickrahmen kann verschieden erfolgen. Bei der in Fig. 221 veranschaulichten beispielsweise gegebenen Einrichtung hängt der Stoffrahmen r mit Mutterhülsen an zwei senkrecht zueinander stehenden Schrauben x und y, und es greift die Stange der wagerechten Mutterhülse verschiebbar durch eine Führung an der senkrecht geführten Mutterhülse. Bei einer Verdrehung der Schrauben durch ihre Verlängerungswellen werden dann die Hülsen verschraubt und damit der Rahmen eingestellt. Es ist folglich auch die Mustervorschrift und ihre Ausführung und Übertragung auf die Maschine bei der selbsttätig arbeitenden Stickmaschine dem Wesen nach dieselbe, wie bei den anderen Garnverarbeitungsmaschinen, und, wenn auch die Vielseitigkeit der Musterung von der Verschiebungseinheit abhängig erscheint, so läßt sich doch durch Einschaltung von Zählwerken für die verschiedene Aneinanderreihung verschieden weiter Verschiebungen eine weitgehende Feinheit der Muster erzielen.

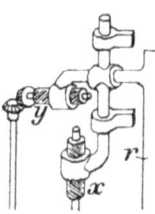

Fig. 221. Selbsttätige Einstellung des Stickrahmens durch zwei senkrecht zueinander stehende, beliebig verdrehte Schrauben.

Die Nähmaschine für Kleidungsstücke bedarf für die Arbeit der einen Nadel einer besonderen Handhabung wegen der willkürlichen Nahtführung. Bei der Vervielfachung der Näharbeit in der selbsttätigen Stoffführung können viele arbeitende Nadeln von einer Person übersehen werden. Diese zwangsweise Stoffführung gemäß einer Mustervorschrift wird bei Schiffchenstickmaschinen angewendet, und werden diese dann bis 20 m Länge mit bis 400 arbeitenden Nadeln und Schiffchen ausgeführt. Minutlich werden dabei etwa 60 Stiche gemacht.

Nachwort.

Alle Textilstoffe haben ein bestimmtes Gefüge der gebundenen Fadenlagen, d. h. eine bestimmte Fadenbindung, aber alle diese Fadenbindungen kennzeichnen sich als Zusammensetzungen von Fadenbogen oder Fadenschleifen und Fadenschlingen, nur daß diese Urstücke kreuzweise aneinandergelegt, durchgesteckt oder eingehängt sind. Die Folge der Zusammenfügung oder der Fadenbindung ist aber eine so vielseitig mögliche, daß das Aussehen der Stoffe in Verbindung mit der Garnverschiedenheit d. i. die Musterung der nach ihrem Fadengefüge gegebenen Stoffarten eine unendliche wird, was aber stets ein besonderes Eingehen auf die Bindungsmöglichkeiten erfordert. Die reichste Musterungsmöglichkeit gewährt die Weberei und deren Bindungslehre ist daher eine besondere Wissenschaft; aber auch die Wirkerei und Strickerei, deren Musterung noch nicht so alt wie die der Weberei ist, bietet ein reiches Feld der Bindungslehre. Nicht minder ist dies beim Flechten der Fall und die Verfolgung der Musterung der Fadenbindungen führt auch bei den übrigen Garnverarbeitungsarten zur dauernden Schaffung von immer neuen Mustern und belebt so den Absatz der Textilwaren. Die technologische Durchdringung der Fadenbindungen in Verbindung mit dem Geschmacks- und Schönheitsgefühl und dem Kunstsinn für die Schaffung neuer Muster sichert dem textilen Gewerbfleiß einen ständigen Fortschritt und dessen Erzeugnissen ihre Wertschätzung. Die Erkenntnis der Einheitsformen der verschiedenen Fadengefügearten, sowie der Gleichheit und Verwandtschaft der Arbeitsmittel und der Umwandlung der Mustervorschrift in die Arbeit der Werkzeuge und all deren gegenseitige Ausnützung und Anwendung muß eine dauernde Anregung dem Mustermacher geben, der natürlich auch über die Eigenschaften der Garne aus dem verschiedensten Fasergut, also das Fadengut, unterrichtet sein muß, denn diese Eigenschaften bedingen und begrenzen die Anwendung für Bindungs- und Musterungszwecke. Die Darlegung dieser Wissenschaft, soweit sie sich technisch behandeln läßt, kann natürlich nur in Sonderabhandlungen stattfinden. In der vorliegenden Abhandlung ist das für alle Verarbeitungs- und Musterungsarten Einende und Gleiche behandelt, das die Grundlage für das Weiterbauende abzugeben hat.

Verlag von Julius Springer in Berlin W 9

Die Spinnerei in technologischer Darstellung.

Ein Hand- und Hilfsbuch für den Unterricht in der Spinnerei an Spinn- und Textilschulen, technischen Lehranstalten und zur Selbstausbildung, sowie ein Fachbuch für Spinner jeder Faserart.

Von **G. Rohn**,
Direktor der Spinnereimaschinenfabrik von Oscar Schimmel & Co. A.-G. in Chemnitz.

Mit 143 Textfiguren.

In Leinwand gebunden Preis M. 3,60.

Die Streichgarn- und Kunstwoll-Spinnerei in ihrer gegenwärtigen Gestalt.

Praktische Winke und Ratschläge im Gebiet dieser Industrie.

Von **Emil Hennig**, Spinnerei-Direktor in Guben.

Mit 40 in den Text gedruckten Abbildungen.

In Leinwand gebunden Preis M. 5,—.

Technologie der Gespinstfasern.

Vollständiges Handbuch der Spinnerei, Weberei und Appretur.

Von Dr. **Hermann Grothe**, Ingenieur.

Erster Band:
Streichgarn-Spinnerei und Kunstwoll-Industrie.

Mit 547 in den Text gedruckten Holzschnitten und 35 Tafeln.

In Leinwand gebunden Preis M. 36,—.

Zweiter Band:
Die Appretur der Gewebe. (Methoden, Mittel, Gewebe.)

Mit 551 Holzschnitten und 24 Tafeln.

In Leinwand gebunden Preis M. 30,—.

Studien über mechanische Bobbinet- und Spitzen-Herstellung.

Von **Max Kraft**,
o. ö. Professor an der k. k. technischen Hochschule in Brünn.

Mit 341 Figuren auf 21 Tafeln.

In Leinwand gebunden Preis M. 20,—.

Technologie der Gewebeappretur.

Leitfaden zum Studium der einzelnen Appreturprozesse und der Mitwirkungsweise der Maschinen.

Von **Bernard Kozlik**, k. k. Professor in Wien.

Mit 161 Textfiguren.

In Leinwand gebunden Preis M. 8,—.

Die Mercerisation der Baumwolle und die Appretur der mercerisierten Gewebe.

Von **Paul Gardner**, Technischer Chemiker.

Zweite, völlig umgearbeitete Auflage.

Mit 28 Textfiguren.

In Leinwand gebunden Preis M. 9,—.

Zu beziehen durch jede Buchhandlung

Verlag von Julius Springer in Berlin W 9

Koloristische und textilchemische Untersuchungen.
Von Professor Dr. **Paul Heermann.**
Mit 9 Textfiguren und 3 spektroskopischen Tafeln.
In Leinwand gebunden Preis M. 10,—.

Färbereichemische Untersuchungen.
Anleitung zur Untersuchung und Bewertung der wichtigsten Färberei-, Bleicherei-, Druckerei- und Appretur-Materialien.
Von Professor Dr. **Paul Heermann.**
Zweite, erweiterte und umgearbeitete Auflage.
Mit 5 Textfiguren und mikroskopischen Abbildungen auf 3 Tafeln.
In Leinwand gebunden Preis M. 9.—.

Mechanisch- und Physikalisch-technische Textil-Untersuchungen.
Mit besonderer Berücksichtigung amtlicher Prüfverfahren und Lieferungsbedingungen sowie des Deutschen Zolltarifs.
Von Professor Dr. **Paul Heermann,**
Mit 160 Textfiguren.
In Leinwand gebunden Preis M. 10,—.

Über Waschechtheit, waschechte Färbungen und die Prüfung derselben.
Ergebnisse aus den Untersuchungen der Abteilung 3 des Königl. Materialprüfungsamtes für papier- und textil-technische Prüfungen.
Von Professor Dr. **Paul Heermann.**
Preis M. 1,—.

Anleitung zur qualitativen Appretur- und Schlichte-Analyse.
Von Dr. **Wilhelm Massot,**
Professor an der Färberei- und Appreturschule Krefeld.
Zweite, erweiterte und verbesserte Auflage.
Mit 42 Textfiguren und 1 Tabelle.
Preis M. 6,—; In Leinwand gebunden M. 7,—.

Zu beziehen durch jede Buchhandlung

Verlag von Julius Springer in Berlin W 9

Taschenbuch für Färberei und Farbenfabrikation.
Unter Mitwirkung von Chemiker H. Surbeck
herausgegeben von Prof. Dr. R. Gnehm.
Mit Textfiguren.
In Leinwand gebunden Preis M. 4,—.

Theorie und Praxis der Garnfärberei mit den Azo-Entwicklern.
Von Dr. F. Erban.
Mit 68 Textfiguren.
In Leinwand gebunden Preis M. 12,—.

Die Apparatfärberei der Baumwolle und Wolle
unter Berücksichtigung der Wasserreinigung und der Apparatbleiche der Baumwolle.
Von E. J. Heuser.
308 Seiten mit 191 Textfiguren.
In Leinwand gebunden Preis M. 8,—.

Die Apparatefärberei.
Von Dr. Gustav Ullmann.
Mit 128 Textfiguren.
In Leinwand gebunden Preis M. 6,—.

Bleichen und Färben der Seide und Halbseide in Strang und Stück.
Von Carl H. Steinbeck.
Mit zahlreichen Textfiguren und 80 Ausfärbungen auf 10 Tafeln.
In Leinwand gebunden Preis M. 16,—.

Die Echtheitsbewegung und der Stand der heutigen Färberei.
Von Fr. Eppendahl, Chemiker.
Preis M. 1,—.

Der Zeugdruck.
Bleicherei, Färberei, Druckerei und Appretur baumwollener Gewebe.
Von **Antonio Sansone**,
ehem. Direktor der Färbereischule in Manchester,
z. Zt. bei der Aktien-Gesellschaft für Anilinfabrikation in Berlin.
Deutsche Ausgabe von **B. Pick**,
Chemiker und Kolorist, ehem. Assistenten der Chemieschule in Mülhausen i. E.
Mit Textabbildungen, 23 Figurentafeln und 12 Musterkarten.
In Leinwand gebunden Preis M. 10,—.

Zu beziehen durch jede Buchhandlung

Verlag von Julius Springer in Berlin W 9

Anlage, Ausbau und Einrichtungen von Färberei-, Bleicherei- und Appretur-Betrieben.

Von Dr. **Paul Heermann**,
Professor, ständiger Mitarbeiter und Leiter der textil-technischen Prüfungen am Königlichen Materialprüfungsamt der Technischen Hochschule Berlin.

Mit 90 Textfiguren.

Preis M. 6,—; in Leinwand gebunden M. 7,—.

Die Kalkulation und Organisation in Färbereien und verwandten Betrieben.

Ein kurzer Ratgeber für Chemiker, Koloristen, Techniker, Meister und Kaufleute in Färbereien, Druckereien, Bleichereien, Chemisch-Wäschereien, Appreturanstalten, Textilfabriken usw.
Von Dr. **W. Zänker**, Leiter der Färberei-Schule in Barmen.

In Leinwand gebunden Preis M. 2,40.

Anilinschwarz und seine Anwendung in Färberei und Zeugdruck.

Von
Dr. **E. Noelting**, und Dr. **A. Lehne**,
Direktor der Städt. Chemieschule in Mülhausen, Geh. Reg.-Rat im Kaiserlichen Patentamt.

Zweite, völlig umgearbeitete Auflage.
Mit 13 Textfiguren und 32 Zeugdruckmustern und Ausfärbungen auf 4 Tafeln.

In Leinwand gebunden Preis M. 8,—.

Kenntnis der Wasch-, Bleich- und Appreturmittel.

Ein Lehr- und Hilfsbuch für technische Lehranstalten und für die Praxis.

Von Ing.-Chem. **Heinrich Walland**,
Professor an der k. k. Lehranstalt für Textilindustrie in Brünn.

334 Seiten mit 46 Textfiguren.

In Leinwand gebunden Preis M. 10,—.

Die Fabrikation der Bleichmaterialien.

Von **Viktor Hölbling**,
K. k. Ober-Kommissär u. ständ. Mitgl. des k. k. Patentamtes, Honorardoz. am k. k. Technologisch. Gewerbemuseum und an der Exportakademie des k. k. Österr. Handelsmuseums in Wien.

Mit 240 Textfiguren.

In Leinwand gebunden Preis M. 8,—.

Die neueren Farbstoffe der Pigmentfarben-Industrie.

Mit besonderer Berücksichtigung der einschlägigen Patente.
Von Dr. **Rupert Staeble**.

Preis M. 6,—; in Leinwand gebunden M. 7,—.

Die künstliche Seide.

Ihre Herstellung, Eigenschaften und Verwendung.
Mit besonderer Berücksichtigung der Patent-Literatur.
Bearbeitet von Dr. **Karl Süvern**, Regierungsrat.
Dritte, stark vermehrte Auflage.
Mit 214 Textfiguren.

In Leinwand gebunden Preis M. 18,—.

Zu beziehen durch jede Buchhandlung

MIX
Papier aus verantwortungsvollen Quellen
Paper from responsible sources
FSC® C105338

If you have any concerns about our products,
you can contact us on
ProductSafety@springernature.com

In case Publisher is established outside the EU,
the EU authorized representative is:
**Springer Nature Customer Service Center GmbH
Europaplatz 3, 69115 Heidelberg, Germany**

Printed by Libri Plureos GmbH
in Hamburg, Germany